梨 文 化

梨 花

隰县首届梨花节

隰县梨花节

祁县梨花节

梨园写生

梨树栽培管理

玉露香梨

韩国水晶梨

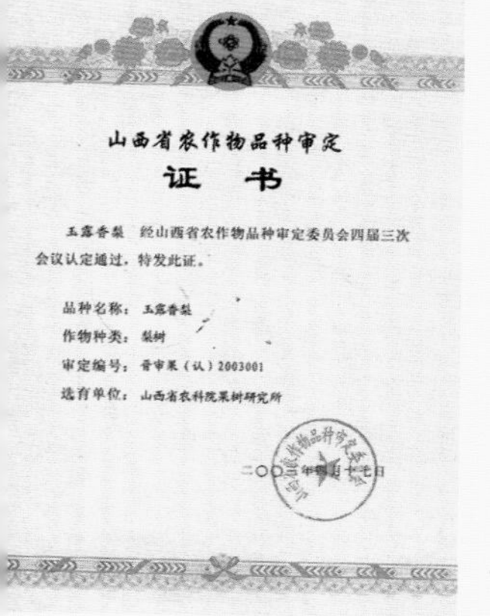

山西省农作物品种审定

证 书

玉露香梨 经山西省农作物品种审定委员会四届三次会议认定通过，特发此证。

品种名称：玉露香梨

作物种类：梨树

审定编号：晋审果（认）2003001

选育单位：山西省农科院果树研究所

二〇〇[illegible]年[illegible]月十七日

玉露香梨品种审定证书

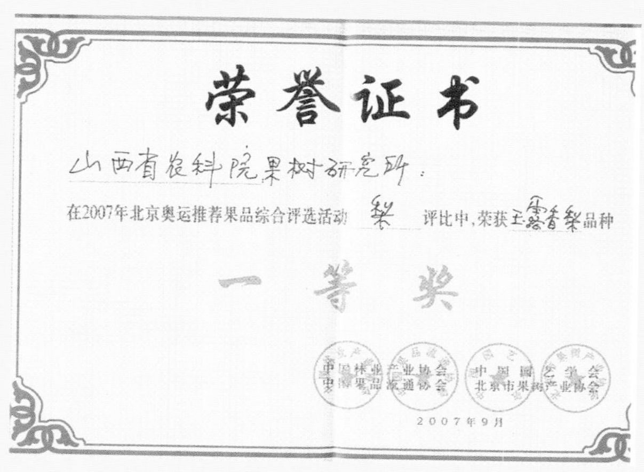

荣誉证书

山西省农科院果树研究所：

在2007年北京奥运推荐果品综合评选活动 梨 评比中，荣获玉露香梨品种

一等奖

中国林业产业协会 中国园艺学会

中国果品流通协会 北京市果树产业协会

2007年9月

玉露香梨获奖证书

多位专家在隰县试验站调研

梨树育苗

梨苗出圃

一级玉露香梨苗

2013年山西农业科学院果树研究所新建玉露香梨优质高效示范园

晋源区黄冶村三年生玉露香梨园

梨园生草

梨园行间覆盖草帘

旱作梨园行间覆盖黑色地膜

秋季梨园施有机肥

果农自创施肥法

加工花粉

人工授粉

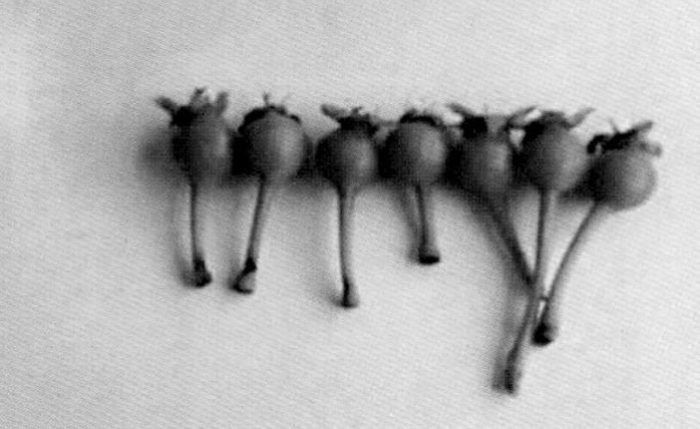

人工授粉与自然授粉结果状比较（一）
（左为自然授粉梨，右为人工授粉梨）

人工授粉与自然授粉结果状比较（二）
（左边果为自然授粉，右边果为人工授粉）

授粉品种黄冠梨

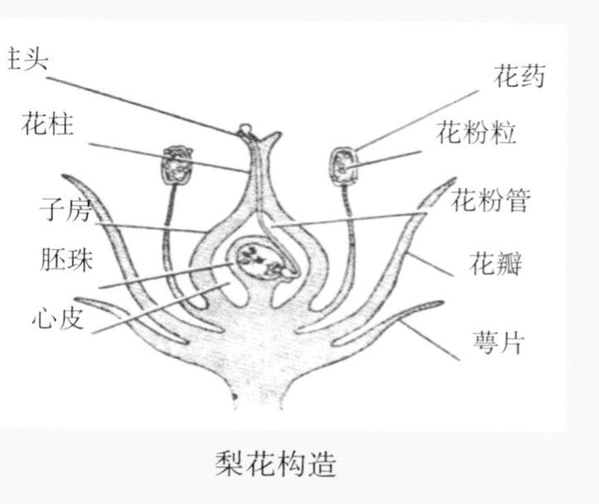

梨花构造

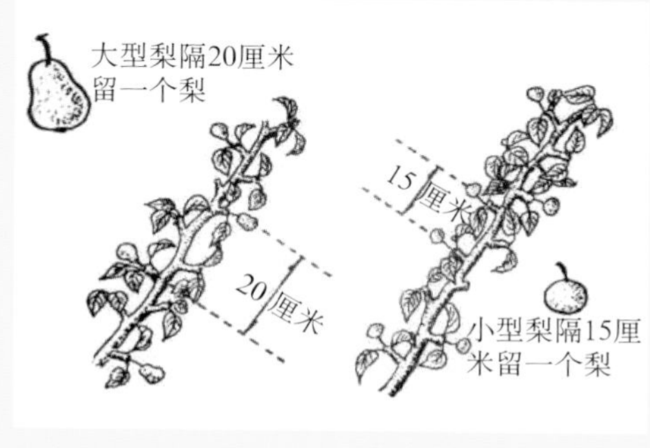

按距离定果

玉露香梨修剪

梨树开心形整形

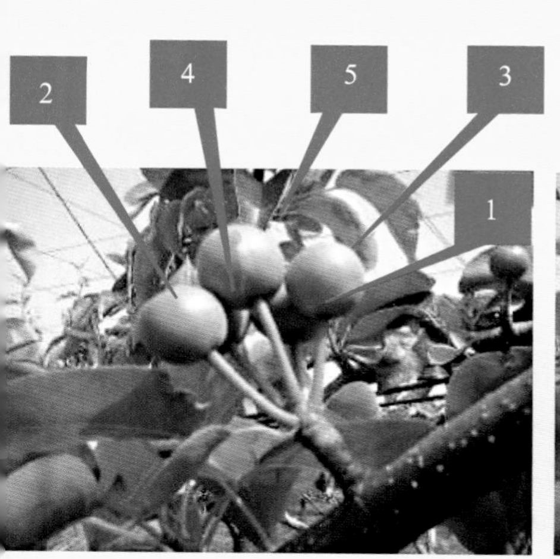

疏果果位

脱萼后形成母梨

未脱萼片导致公梨

果实套袋

玉露香梨树高光效标准树形

四年生梨树结果状

黄板防虫

梨园机械喷药

花期防霜装置

梨茎蜂导致折稍

花期金龟子为害

梨木虱为害状（卷叶）

梨叶背面锈病症状

梨树干缠塑料胶带防止害虫爬上树

听专家田间讲课系列

梨新品种优质高效栽培

LI XINPINZHONG YOUZHI GAOXIAO ZAIPEI

孙俊宝　张生智　张未仲　主编

中国农业出版社
北　京

编 写 人 员

主　编：孙俊宝　张生智　张未仲

副主编：段文华

顾　问：李　捷　张一萍　朱自勉

编　者（排名不分先后）：

原有明　李会平　张俊秀

王红宁　杨培仁　郭学珍

石建瑞　吴晓璇　陈　荣

吕英忠　张　奂

前言

QIANYAN

梨在植物学分类上属蔷薇科梨属。我国是梨属植物的原产地之一，全世界梨属植物共有30多个种，我国现有14个种。其中栽培种有白梨、沙梨、秋子梨和西洋梨4个，品种有数百个。

梨在我国栽培历史悠久，在文学典籍中多有记载。如《史记·货殖列传》中有“河济之间千树梨……此其人皆与千户侯等”的记载，说明在汉代之前，我国北方就将梨树作为重要的经济作物来栽培了。而且，在经济栽培中，也注意到了栽培品种，据《西京杂记》《三辅黄图》等记载，汉武帝时，长安皇家园林中就征集有梨的品种10个。据粗略统计，历代文献中记载的梨的栽培品种名称达100余个，还不算一些仅散在地方志著录不见于一般文献中记载的，众多的古代梨品种中有些至今仍有栽培。

山西省也是栽培梨树历史悠久的省份之一，如在西晋（270年前后）成书的《广记》中有“上党梈梨小而加甘”的记载。唐代（801年）《通典》中有“太原府河东郡贡……凤栖梨三千五百颗”的记载。因有着得天独厚的自然优势，山西省梨树栽培不仅历史久，而且范围广，全省从南到北都有梨树栽培，在历史上比较集中地形成了同川、榆次、高平、万荣四大梨区。

果树栽培中，品种选择尤为重要。品种是果树生产中最基本的生产资料，一切好的生态环境条件、好的栽培技术对于生产的影响，都必须通过栽培品种来体现。栽培品种是否优良，对果树生产的产量高低、品质优劣、投入产出等经济效益指标起着决定性的长远的影响。山西省历来对栽培品种的选择都很重视。20世纪50年代，山西省农业科学院果树研究所从成立之初，就开始梨树优良品种的引进和选育；60年代，在全国数十个主栽品种中选择原产于安徽省砀山的酥梨作为主推品种，因该品种在山西省显示出非常好的栽培特性，逐渐成为山西省的主栽品种、当家品种。同时山西农业科学院果树研究所也开始新品种的选育，通过数十年的努力培育出晋酥梨、晋蜜梨、硕丰梨等一系列优良品种，尤其是近年来推出的玉露香梨新品种受到生产者的欢迎、市场的认可。

据山西省果业总站的调查，2012年山西省梨栽培面积达到8.62万公顷，采用品种达40余个。这些品种都是国内外的优良品种，如红香酥、黄冠梨、水晶梨、黄金梨等，其中酥梨有5.80万公顷，占强势梨树面积的67%，玉露香梨则已有0.69万公顷，约占8%。玉露香梨品种2017年已被农业部定为重点推广品种。为适应推广该品种的需要，我们编写了这本《梨新品种优质高效栽培》，目的是供梨树管理者在栽培以玉露香梨品种为主的优良品种时有所参考，希望能对梨树管理者有所帮助。

在本书的编写过程中参考引用了许多科技文献，得到许多同行的支持和帮助，在此一并致谢。因编者水平所限，书中定有错误和不当之处，希望读者给予批评指正。

编 者

2018年8月

目录

MULU

第三章 梨园建立 / 25

第四章 梨树的年生长周期 / 37

第五章 土肥水管理 / 52

第六章 整形修剪 / 80

第七章 花果管理 / 124

第八章 贮藏保鲜 / 137

第一章 优良品种

品种是果树生产中最基本的生产资料，品种的好坏决定了当地水果的发展潜力，其在果树发展历程中起到至关重要的作用，所有的管理措施只有建立在优良品种的基础上，才能发挥最佳的经济效益，因此选择优良品种成为果树从业者的第一任务。梨常用优良品种特性如下：

一、玉露香梨

（一）品种来源

山西省农业科学院果树研究所以库尔勒香梨（母本）×雪花梨（父本）杂交选育而成，初命名为“74－7－8”，为优良单系。从1982年开始在山西省外及省内晋中、运城、大同、隰县、代县等地布点区试及生产试栽。2001年定名为玉露香。2003年4月通过山西省农作物品种审定委员会审定。2007年获山西省科技进步二等奖。2008年获北京奥运会指定供应水果。2014年被农业部确定为果树发展主导品种。

玉露香梨继承了库尔勒香梨所特有的肉质细嫩、口味香甜、无渣，果面着红色等优良品质，克服了香梨果小、心大、可食率低、果形不正的缺点，是一个优质、耐藏、中熟的库尔勒香梨型大果新品种。

（二）主要性状

树冠中大，树姿较直立，一年生枝绿褐色，皮孔中大、白色、中多，多年生枝灰褐色。叶芽较大，长三角形，先端向内弯曲；花芽长卵形，先端尖，中大。叶片阔卵至椭圆形，长 9.5～12.0 厘米，宽 6.0～10.0 厘米，基部近圆至楔形，先端渐尖或尾尖，边缘尖锯齿状，平展；幼叶红褐色；叶柄中粗，长 3.0 厘米左右。每花序7～10 朵花，花白色，花瓣近圆形，5 片，雄蕊 20 枚左右，花药暗红色，花粉退化，柱头 5 枚。

幼树生长旺盛，结果后树势转中庸。萌芽率高，约为 65.4%；成枝力中等，延长枝剪口下可抽生 1～2 个长枝和 1～2 个中枝，容易成花，有腋花芽结果习性。嫁接后 4～5 年结果，高接树 2～3 年结果。结果初期，以中、长果枝结果为主；大量结果后，以短果枝结果为主，果台枝隔年结果。

果实近球形，个大，平均单果重 250.0 克，最大果重 450.0 克。果梗长约 4.0 厘米；梗洼中大、中深；萼片脱落或宿存。果皮绿黄色，阳面着红晕或暗红色纵向条纹，采收时果皮黄绿色，贮后呈黄色，色泽更鲜艳。果面光洁细腻，果皮薄，蜡质。果心小，可食率高（90%）。果肉白色，酥脆，无渣，石细胞极少，汁液特多，味甜具清香，口感极佳；可溶性固形物含量 12.5%～16.1%，总糖含量 8.7%～9.8%，酸含量 0.08%～0.17%，糖酸比（68.22～95.31）∶1，品质极佳。果实耐贮藏，在自然土窑洞内可贮 4～6 个月，恒温冷库可贮藏 6～8 个月。

山西晋中地区 4 月上旬初花，4 月中旬盛花，果实成熟期 8 月底 9 月初，8 月上中旬即可食用，果实发育期 130 天左右，11 月上旬落叶，营养生长期 220 天左右。

该品种成花容易，坐果率高，每花序可坐果 2～4 个，丰产性强。据试验基点调查，嫁接苗 3～4 年结果，4 年树株产可达 7.5 千克，5 年树株产可达 17.5 千克，6 年树株产可达 35.0 千克。高接树 2～3 年结果，稳产性强。

树体适应性强，对土壤要求不严，抗腐烂病能力强于酥梨、鸭梨；抗褐斑病能力与酥梨、雪花梨相同，强于鸭梨；抗白粉病能力强于酥梨、雪花梨。

二、早酥

（一）品种来源

中国农业科学院果树研究所以苹果梨×身不知杂交育成，1969年定名。

（二）主要性状

果实卵形或卵圆形，具棱状突起，个大，平均单果重250克；果皮黄绿色，果面光洁，有蜡质光泽，果点小而稀疏，无果锈，外观品质优良；果肉白色，肉质细、酥脆，汁液特多，味甜或淡甜；果心小，石细胞少，可溶性固形物含量11.0%～14.6%，品质上等。果实在室温下可贮放20～30天，在冷藏条件下可贮藏60天以上。

树势强健，极性强，枝条角度小，应注意拉枝开张角度，宜采用小冠疏层形整形。配置鸭梨、雪花梨、苹果梨等品种作为授粉树。

4月上旬花芽、叶芽萌动，5月上旬盛花，花期10天左右。8月中旬果实成熟。果实发育期100天，营养生长期210天。

三、黄冠

（一）品种来源

河北省农林科学院石家庄果树研究所以雪花梨×新世纪杂交育成。1997年通过河北省林木品种审定委员会审定。

（二）主要性状

果实椭圆形，个大，平均单果重278.5克；果面绿黄色，果点小，光洁无锈，外观美丽，果皮薄；果肉洁白，肉质细而松脆，汁液丰富，风味酸甜适口且带蜜香，果心小，石细胞少，可溶性固形物含量11.4%，品质上等。

树势强健，幼树生长旺盛、直立，萌芽率高，成枝力中等，连续结果能力较强，幼树有腋花芽结果现象，丰产性强。宜采用疏散分层形整形，采用多留长放的修剪手法，大部分枝条长放促花，进入盛果期后及时疏除过密枝组，保证通风透光。

4 月初萌芽，4 月中旬开花，8 月中旬果实成熟。果实发育期 120 天左右，营养生长期 220～230 天。

四、硕丰

（一）品种来源

山西省农业科学院果树研究所以苹果梨×酥梨杂交育成。1995 年通过农业部及山西省科学技术委员会组织的鉴定并命名。

（二）主要性状

果实近圆形，个大，平均单果重 250 克；果皮绿黄色，向阳面具红晕或近全红，果面平滑，有蜡质光泽，果点小而密，外观漂亮，但有的果实不够端正；果肉白色，肉质细，石细胞少，松脆多汁，味甜或酸甜，具芳香，果心小，可溶性固形物含量 12.2%，品质上等。

树冠半圆形，树姿较开张，幼树生长势强，萌芽率高，成枝力中等，腋花芽结果能力较强，果台连续结果能力中等，栽植后 3～4 年开始结果，较丰产。对寒冷、干旱适应性较强。宜采用疏散分层形整形，授粉品种以早酥、鸭梨、苹果梨等品种为宜，与酥梨亲和力差。

在晋中地区，4 月上旬花芽萌动，4 月中下旬初花，4 月下旬盛花，花期 8～10 天。8 月下旬果实可食用，9 月上旬成熟。果实发育期 130 天左右，营养生长期 220 天。

五、巴梨

（一）品种来源

巴梨原产于英国，为世界上栽培面积最广泛的优良西洋梨品种。

（二）主要性状

果实为粗颈葫芦形，果个大；果皮绿黄色，经后熟为全面黄色或橙黄色，阳面有浅红晕，果面凹凸不平，有光泽，果点小而密，不明显；果肉乳白色，肉质细，石细胞少，柔软易溶于口，汁液特多，酸甜，风味浓郁，并具浓香，果心小，可溶性固形物含量12.6％～15.2％，品质极上。果实在常温下可贮放7～10天，在冷藏条件下，可贮藏120天以上。

幼树生长旺盛，萌芽率高，发枝率中等偏弱，以短果枝和短果枝群结果为主，宜采用疏散分层形整形。幼树期宜多留长放，促进树冠形成和增加早期产量，进入盛果期宜适当重剪，以保证树势健壮。

4月上中旬花芽、叶芽萌动，4月下旬开花，8月中旬果实成熟。果实发育期115天，营养生长期210天。

六、丰水

（一）品种来源

日本农林水产省果树试验场1972年以（菊水×八云）×八云杂交育成，20世纪80年代引入我国。

（二）主要性状

果实近圆形，果个大，单果重300～350克；果皮浅黄褐色，阳面微红，果面粗糙，有棱沟，果点大而密，但不明显，果皮较薄；果肉乳白色，肉质细嫩爽脆，汁多味甜，可溶性固形物含量11.0％～13.5％，果心较小，石细胞及残渣少，品质上等。在常温下可存放10～15天，在冷藏条件下可贮藏4个月。

幼树生长旺盛，进入盛果期后树势趋于中庸，萌芽率高，成枝力弱。幼树以腋花芽和短果枝结果为主，盛果期以后以短果枝群结果为主。易成花，结果早，较丰产。宜采用低干矮冠的疏散分层形整形，初栽植树宜适当重短截，以促发新枝，加速树冠形成；盛果期树对结果枝组及时更新复壮，维持树势平衡。

4月初花芽萌动，4月中旬开花，9月初果实成熟。果实发育期125天左右。

七、圆黄梨

（一）品种来源

圆黄梨为韩国园艺研究所以早生赤×晚三吉杂交育成，是目前韩国正在推广的主栽梨品种中品质较优的品种之一。近几年已成为日本、韩国及东南亚果品市场上的主销梨果精品。

（二）主要性状

果形扁圆，个大，平均果重250克左右，最大果重可达800克；果面光滑平整，果点小而稀，无水锈、黑斑，成熟后金黄色，不套袋果呈暗红色；果肉为透明的纯白色，可溶性固形物含量12.5%～14.8%，肉质细腻多汁，石细胞少或无，酥甜可口，并有奇特的香味，品质极上。

圆黄梨树势强，枝条开张、粗壮，易形成短果枝和腋花芽。一年生枝条抗黑星病能力强，抗黑斑病能力中等，抗旱、抗寒、较耐盐碱，栽培管理容易，花芽易形成，花粉量大，既是优良的主栽品种，又是很好的授粉品种。自然授粉坐果率较高，结果早、丰产性好。

8月中下旬成熟，常温下可贮15天左右，冷藏可贮5～6个月。

八、鸭梨

（一）品种来源

鸭梨为我国最古老的优良品种之一，原产河北省，以河北省辛集、晋州、赵县最为集中。

（二）主要性状

果实倒卵圆形，中等大小，平均单果重 230 克，最大 280 克。近果梗处有一似鸭头状的小突起，故名鸭梨。果面绿黄色，果皮薄，靠果梗部分有锈斑，微有蜡质，果实美观，果点中大，稀疏；果肉白色，肉质细腻脆嫩，石细胞极少，汁液丰富，酸甜适口，有香气，果心小，可溶性固形物含量 12%，品质上等。果实较耐贮藏。

幼树生长旺盛，开始结果较早，通常栽植 3～4 年开始结果，7～8 年进入盛果期。大树生长较弱，枝条稀疏开张，萌芽率高，成枝力弱。果台枝连续结果能力较强。可采用疏散分层形或高位开心形等整形，幼树多短截、少疏枝，骨干枝以外的枝条缓放或轻剪。大树注意疏花疏果，维持树势。

4 月上旬萌芽，4 月中下旬开花，果实 9 月中旬成熟，果实生育期 150 天左右。

九、酥梨

（一）品种来源

酥梨原产安徽省砀山，为当地名产。在山西省表现更好，为山西省梨主栽品种。

（二）主要性状

果实近圆柱形，具棱沟，顶端稍宽，个大，平均单果重 270 克；果皮黄绿色，贮藏后成黄色，果皮光滑，果点小而密、明显；果肉白色，肉质稍粗但酥脆爽口，汁液多，味甜，有香气，可溶性固形物含量 11.2%～15.0%，果心中等大小，果肉石细胞少，近果心处石细胞多，品质上等。果实耐贮藏。

树冠为稍开张的自然圆头形，生长势中等，枝条比较直立，萌芽率较高，成枝力中等。一般栽植后 3～4 年开始结果，7～8 年进入盛果期，较丰产。连续结果能力弱，结果部位易外移，易形成大小年现象，要注意多年生结果枝组和弱小枝组及时更新复壮。

4月上旬花芽萌动，4月中下旬开花，9月中旬果实成熟，果实生长期140～150天。

十、雪花梨

（一）品种来源

雪花梨原产河北省中南部，以赵县栽培最多。

（二）主要性状

果实长卵圆形或长椭圆形，果个大，平均单果重350克，最大单果重530克；果皮绿黄色，贮藏后为鲜黄色，果面稍粗糙，有蜡质，果点褐色，较大而密，果皮较薄；果肉白色，肉质稍粗，脆而多汁，渣稍多，果心小，石细胞较少，味甜，有微香，可溶性固形物含量12%～13%，品质上等。果实较耐贮藏，冷藏条件下，可贮藏至翌年2～3月。

树势中庸，幼树生长缓慢；萌芽率高，成枝力中等。以短果枝结果为主，中、长果枝及腋花芽结果能力也较强，但果台枝发枝能力弱，连续结果能力弱。幼树整形时要注意开张角度，充分利用中、长果枝和腋花芽结果，以提高早期产量。进入盛果期，因短果枝寿命较短，结果部位容易外移，要注意对内膛枝组的维护和更新。

4月中旬萌芽，9月中旬果实成熟，果实发育期150天左右，营养生长期250天。

十一、水晶梨

（一）品种来源

韩国从新高梨品种中的芽变中选育，20世纪90年代引入我国。

（二）主要性状

果实扁圆形，果个大，平均单果重 350 克，最大果重 520 克；成熟后果皮为黄色，果点小而稀，果梗细长；果肉白色，肉质致密细腻，嫩脆多汁，风味甜，具香味，石细胞少，有残渣，果心小，可溶性固形物含量 14%，品质上等。果实耐贮运，自然条件下可存放 3 个月，冷藏条件下可贮藏至下年 5 月。

树体强健、直立，萌芽率高，成枝力较强。以短果枝结果为主，幼树有腋花芽结果现象，果台枝连续结果能力中等。幼树开始结果早，在正常管理条件下，二年生树的开花株率可达 15%，大树高接第二年开始结果，丰产性好。以疏散分层形整形为宜，幼树除骨干枝短截促分枝外，其余枝条要缓放并及时拉枝，以缓和生长势，促进花芽形成。

4 月上旬萌芽，4 月中旬开花，10 月上旬果实成熟，果实生育期 170 天左右。

十二、黄金梨

（一）品种来源

韩国 1981 年以新高×二十世纪杂交育成，20 世纪末引入我国。

（二）主要性状

果实近圆形，果形端正，果个大，平均单果重 350 克，最大单果重 500 克；果皮黄绿色，贮藏后成金黄色，果面光洁，无果锈，果点小、均匀，果皮薄；果肉乳白色，肉质脆嫩，石细胞及残渣少，果汁多，风味甜，具清香，果心小，可溶性固形物含量 12%～15%。在自然条件下贮藏果肉易变软，在冷藏条件下，可贮藏 6 个月左右。

幼树生长势强，萌芽率低，成枝力弱，有腋花芽结果特性，易形成短果枝，结果早，丰产性好。一般苗木栽植后第三年开始结果。

宜进行套袋栽培，避免果点明显，果面粗糙，保证外观品质。注意疏花疏果，控制产量，适度重剪，保证树势强壮。

4月上旬花芽萌动，9月中旬果实成熟，果实发育期140～150天。

十三、红香酥

（一）品种来源

由中国农业科学院郑州果树研究所以库尔勒香梨×鸭梨杂交育成。1997年通过河南省农作物品种审定委员会审定，2002年通过全国农作物品种审定委员会审定。

（二）主要性状

果实纺锤形或长卵圆形，果个大，平均单果重220克；果皮黄绿色，向阳面2/3有红晕，果面平滑，有蜡质光泽，果点中大、较密，外观艳丽；果肉白色，肉质细，石细胞较少，松脆多汁、甜，风味浓，并具芳香，果心小，可溶性固形物含量12%～14%，品质上等。

树势中庸，萌芽率高，发枝力中等，以短果枝结果为主，有腋花芽结果特性，果台连续结果能力强；采前落果轻。一般管理条件下，苗木栽植第三年开始结果。可采用自由纺锤形整形，幼树以轻剪长放为主。

9月上旬果实成熟，果实发育期140天左右，营养生长期235天左右。

十四、新梨7号

（一）品种来源

新梨7号是山东莱阳农学院与新疆塔里木农垦大学以早酥梨为父本，库尔勒香梨为母本经过有性杂交方式，经十多年选育出的早熟、丰产、耐贮存的优质梨新品种，成熟后可在树枝上持续挂果2.5个月。新梨7号于1996年8月通过农业部成果鉴定，1997年5月通过河北省林木良种审定委员会的审定。

（二）主要性状

生长速度快，4月开花，6月中旬就可采食。自然采收期长，可从7月中旬延迟至8月底，与中熟品种相同。最大特点是特别酥，皮很薄，吃起来口感像香酥梨，特别爽口。丰产性很强，大部分以短果枝结果，单果重一般达180克左右，最大的果可达到200克。

十五、秋月梨

（一）品种来源

秋月梨系1998年日本农林水产省果树试验场用162－29（新高×丰水）×幸水杂交育成并命名，2001年进行品种登记的中晚熟褐色沙梨新品种。

（二）主要性状

果树生长势强，树姿较开张，一年生枝灰褐色，枝条粗壮，叶片卵圆形或长圆形。幼枝生长势强，萌芽率低，成枝力较高，易形成短果枝，一年生枝条甩放后可形成腋花芽。特点是耐贮藏，汁多甘甜，产量高。

第二章 苗木繁育

第一节 梨苗常规繁育

繁殖足量的优良品种的优质苗木，是建立梨园，提早结果、提早丰产、高产稳产的重要基础之一。苗木是发展果树生产的物质基础，果树苗木在生产中非常重要，所以发展果树生产必须培育良种壮苗。首先在果树苗木繁育中，品种是影响果树栽培效益的首要因素，好的果树品种可以兴起一个产业；其次在果树苗木的繁育工作中，果树的种苗作为生产培育的基础条件，其质量的高低直接决定着我国果业的兴衰。

一、砧木选择

砧木是果树的基础，砧木可以影响嫁接栽培品种的树体高矮、生长势强弱、对外界环境条件和病虫的抗逆能力、寿命长短、结果迟早、产量多少和果实品质等，因此，必须认真选择砧木种类。

一个优良砧木应该具备如下条件：

①与接穗栽培品种亲和性强，嫁接口愈合良好。

②能适应本地区的土壤、气候等环境条件，对主要病虫害有一定的抗性。

③能使嫁接的栽培品种健壮生长、结果早、丰产稳产、品质提高。

④繁殖材料容易取得，繁殖技术容易掌握。

⑤具有一定的特性，可满足栽培要求，如可使树体乔化或矮化，对某些特定不良因素有抗性等。

选择砧木，当然不可能具有全部的优良条件，应该注意根据生产需要掌握主要方面。

现将常用的梨砧木种类介绍如下：

（一）杜梨

杜梨（*Pyrus betulifolia* Bunge）产于我国北部。野生种，乔木，高达 10 米，树冠开张。嫩枝和二年生枝均被灰白色茸毛，有刺。叶片菱状卵至长卵形；边缘有粗锯齿，叶背有白色茸毛，在幼苗期有裂叶；叶柄长 2～3 厘米，外被茸毛。果实近球形，直径 0.5～1 厘米，褐色，有淡色斑点，顶端萼片脱落，基部具有带茸毛的果柄，2～3 心室。果熟期为 8 月中旬至 9 月上旬。根系发达，生长强旺，耐寒、耐旱、耐盐碱、耐瘠薄，适应性广，抗逆性强，嫁接易成活，和多数栽培品种嫁接亲和性好，在沙荒地、山地、低洼盐碱地等不良的环境条件下都能够生长，所以全国各地育苗多用作砧木。

杜梨的类型还有很多，如大叶绵杜梨、小叶绵杜梨、大叶刺杜梨、小叶刺杜梨、毛杜梨、油杜梨等，其嫁接后的反应也有差别。

（二）褐梨

褐梨（*Pyrus phaeocarpa*）产于华北各省份。乔木，高达 5～8 米，嫩枝具白色茸毛，二年生枝紫褐色，无毛。叶片椭圆卵形至长卵形，幼时具稀疏柔毛，不久全部脱落；叶柄长 2～6 厘米，无毛。果实椭圆形或球形，长 2～2.5 厘米，褐色，有密点，心室3～4，果柄长 2～3 厘米。果熟期为 8～9 月。用作白梨砧木，树势旺盛，但达结果年龄稍迟。

（三）豆梨

豆梨（*Pyrus calleryana*），乔木，新梢褐色、无毛，叶片宽卵形至卵圆形，幼苗及幼树时有裂叶，叶缘锯齿细、钝、无毛；叶柄长2～4厘米。果实球形，直径1厘米，果皮褐色，有斑点，2心室，具细长果柄，萼片全部脱落。产于华东和华南各省，适宜于黏重和酸性土壤。抗逆性强，抗病力也较好，易接活，亲和好，抗寒、旱、涝、盐、瘠薄能力略差于杜梨。通常用作沙梨砧木，适生于温暖潮湿气候，对腐烂病有高度免疫力。

豆梨的种类很多，有毛豆梨等。国外引用中国的豆梨，从中选出无性繁殖系砧木，表现良好，有的具半矮化性。

（四）榅桲

榅桲（*Cydonia oblonga*）为灌木，高2～3米，枝紫褐色。叶卵圆或椭圆形，肉质较厚，浓绿色，叶背面密生茸毛，但亦偶有裂叶；叶缘有刺毛状锯齿。果大，黄色，外部密生长而软的茸毛。易生根蘖。采用扦插繁殖，也可用种子繁殖，为了保持砧木对接穗的良好影响，一般都用单株营养系苗，而不用实生苗。

榅桲是梨的矮化砧。目前梨树生产向矮化、密植、丰产方面发展。

榅桲与梨不同属，与很多栽培品种嫁接不亲和，需要用中间砧，其上可再接栽培品种。目前认为较好的中间砧梨品种有考密斯、故乡、哈代，另外还有安吉梨、库尔勒香梨、开菲等。

除以上4种砧木种类外，还有用秋子梨、川梨、麻梨、杏叶梨、木梨、河北梨等作为砧木的。

二、砧木繁殖

（一）实生繁殖

目前梨树生产上仍以乔化砧为主，所以实生繁殖是主要方法。

1. 播种用地和整地 播种用地要求平整、肥沃的沙壤土，能排能灌，阳光充足的山地、平地。播前要充分耕翻、熟化，耕翻深度一般以25～30厘米为宜，要施足基肥。如土质较黏重，则需要沙改土，播前要筑畦，应根据地势、雨水等决定采用高畦、平畦或低畦。一般干旱地区用低畦，雨多、易涝地区用高畦。

杜梨 50 千克果可得种子 1.5～2 千克，每千克种子 7 万～8.3 万粒；豆梨每千克种子约 7.13 万粒。

每亩[①]用种量为 1～1.5 千克或稍多即可。撒播用种最多，条播次之，条沟粒播用种量最少。一般每亩条播需杜梨或豆梨种子 1 千克左右，出苗 1 万株左右，多者可达 2 万株。

2. 种子采集、贮藏与处理 为采种方便，一般在苗圃地附近建一定面积的野生园，栽植一定数量的杜梨或其他类别树，提供砧木种子。杜梨的果实一般都在 9 月下旬至 10 月间成熟，可选择树势强壮、无病虫害的杜梨母树作为采种树，采收果实必须充分成熟，当种皮呈深褐色时即可采收。采收时可用木棒敲打，振落杜梨果实，捡拾后清除杂物，堆放在阴凉处，厚度 15～20 厘米，上可覆盖地膜，促使果实后熟变软。在堆积后熟过程中需翻几次，适当浇少量水，防止发酵温度过高，从而影响种子的发芽率。一般保持在 30℃以下较为合适。

经 7 天左右果肉开始变软腐烂，用木棒捣碎果肉，经水冲、淘、搓、揉后取出种子，淘净晒干。

杜梨种子必须经过后熟处理才能发芽。后熟处理需要一定的湿度和低温条件。因此，冬季必须进行沙藏处理，也称为层积处理。在 1 月，即春播前 50～70 天将种子进行层积处理，种子与过筛后的细河沙按 1∶(4～5) 的比例，分层堆放。具体做法：先向河沙中加水，湿度以用手紧捏成团、松手又散开为宜。根据种子的数量选容器，可用花盆、木箱、浅缸等，如种子很多也可在地头挖一坑处理种子。先在容器底部铺一层湿沙，然后将种子与湿沙混合均匀后放入，最后在上面再铺一层湿沙。将容器放置阴凉高处。为防止水分蒸发可蒙一层塑膜。注意沙要经常保持一定湿度，上下湿度要均匀，切忌上干下湿。层积过程中要定期检查。一般层积 50～60 天，

① 亩为非法定计量单位，1 亩≈667 米^2。——编者注

待种子尖端露白即可取出，淘净后播种。

如需催芽，可再浸泡数日，使种子充分吸水，然后播种。如层积日数不足或沙过干，种子出苗不好，宜再浸种催芽，保证出苗整齐。

3. 播种时间及方式 寒地宜于春播，以免种子受冻。通常在清明节前后进行播种。可以单行播种，行距为 40～50 厘米；为了节约用地，还可用双行带状条播，即窄行 25～30 厘米，宽行 50 厘米左右；也可撒播。株距视种子质量而定，种子质量差的宜密；反之，宜稀。如果计划疏苗移植，可适当密些；反之，为了节约种子和不疏苗移栽，节省用工，可以条沟粒播，株距 7～15 厘米。

为了避免地面板结，影响出苗，播种前要灌足底水，播种沟宜浅，播后用沙或过筛的细土等覆盖，覆盖厚度一般为 1～2 厘米，也可与少量小麦种子混播，便于梨苗出土。

4. 播后管理

（1）浇水。播种后要求土壤充分湿润，保证种子吸水萌发。为了防止浇水降温导致地面板结，影响出苗。可在中午高温时喷水。出苗后，为了促进扎根，不宜多浇水，注意排涝。

（2）间苗。幼苗有 2～3 片真叶时，即可开始间苗，疏去过密的次苗。间苗可分次进行。地下害虫多发的地块，要适当多留苗，直至立苗可靠时定苗。间除的苗木可作移栽用。

（3）病虫害防治。苗期病虫害较多，如地老虎、蝼蛄、金龟子、刺蛾、蚜虫、猝倒病、黄叶病、锈病等，要及时防治。勤松土保墒、旱灌、涝排，保证苗木正常生长。

（4）断根。杜梨实生苗直根发达，而须根较少，如杜梨苗不进行断根处理，嫁接栽培品种后仍有发达主根，而侧根很少，出圃时，苗木根系很难保证完整，栽植后影响成活率。所以，条播的杜梨苗计划在播种当年夏季嫁接的，必须在嫁接前或嫁接后进行断根处理。方法为用断根铲在行间距苗木基部 15～20 厘米处，与地面呈 45°角斜插，用力蹬踩，即可将主根留 15～20 厘米铲断。断根后及时追肥、浇水、中耕，半月后可喷叶面肥，增加树体营养积累，以后继续注意保护叶片至落叶。也有些杜梨种类须根较多，嫁接栽培品种后可生成较多的侧根，可不进行断根处理。

撒播的杜梨苗一般当年达不到嫁接粗度，须进行移栽，下年进行嫁接，在移栽前注意将主根剪断即可。

（二）根蘖苗繁殖

利用大梨树萌发的根蘖移栽于苗圃或定植地培育，嫁接成苗。梨树较易发生根蘖，常挖掘根蘖移栽于定植地，待长到一定大小时枝接，称坐地苗。

（三）扦插繁殖

榅桲一般用扦插繁殖。营养系砧木多采用扦插、压条、分株等营养繁殖法。

三、嫁接苗的培育

（一）嫁接时期和采集接穗

嫁接时期多在春、夏两季，春季 3 月下旬至 4 月中下旬，萌芽前至开花期，树液开始运送，以枝接为主；夏季 7 月，新梢生长旺季，以芽接为主。这两个时期砧木的形成层最活跃，嫁接成活率高。提供采接穗的母株，要选品种优良、生长表现好、树体健壮、无病虫害、已进入结果期的大树。

芽接接穗在 7 月嫁接前采集，要选树冠外围充实健壮的当年生新梢，避免采用徒长枝或背阴处的细弱枝。从树上剪下新梢后，要迅速将叶片剪掉，仅留 1 厘米左右的叶柄，基部瘪芽和顶端部嫩芽不用，可剪去。每 50 枝或 100 枝捆成一捆。拴好标签，注明品种和采集时间。及时用湿布包好，进行保湿处理，尽量减少水分损失。如是在外地采集的接穗，嫁接前要将接穗下端浸泡在水中一晚上，注意不要将接穗全部浸泡在水中，如一天用不完，还要注意早、中、晚需换水。

春季枝接通常在3月下旬至开花期进行，嫁接用的接穗，可从结果树冬季修剪时剪下的枝条中选取。将选好的接穗每50～100枝捆好埋在冷凉的库房或窑洞内的湿沙中备用。在采集接穗时要注意主栽品种和授粉品种的比例，通常主栽品种为60%～80%，授粉品种为20%～40%，授粉品种应有1～3个。

（二）嫁接方法

1. 芽接法 在接穗上削芽的方法是：在芽的上方约0.6厘米处横切一刀，深达木质部，在芽下方1厘米处拉刀或推刀向芽上方削过横切口，然后用右手由左向右或由右向左推芽片，使盾形的芽片离开木质部而脱下。如芽不离皮时，则要削薄一些，使芽片略带木质部。

芽片削好后，再在砧木基部离地面3～4厘米处平滑部位，切一个T形接口，把盾形芽片准确嵌入接口皮下，使芽片位于T形接口直缝中，待芽片上端与砧木横切口密接后，用塑料条等包扎紧即可，注意叶柄要外露。

如在树液流动旺盛时，也可T形接口改为短T形接口，把盾形芽片端插入切口后，顺势向下推，芽片紧贴木质部，使短T形裂口下裂，芽片上端与横切口对齐后可紧抱芽片，无需绑扎，这样可提高成活率。

芽接后10天左右，可检查是否成活，如叶柄轻轻一碰就掉下来，芽片绿色，接芽饱满，即已成活，可用芽接刀将捆缚物剪除。如叶柄萎缩，与芽片不分离，芽片变黄，即未成活，须及时进行补接。

2. 枝接法 对于上年芽接未成活或因砧木过细不便芽接的可在第二年春季进行枝接，管理得当，可与上年秋季芽接苗同时出圃。

枝接方法：将砧木从离地3～7厘米处剪断，在断面中央直径上向下直切一刀，深2～3厘米。然后取接穗，两侧各削一刀，下端削成楔形，留 2～3 个芽剪断，随即插入砧木切口中，至少使砧穗双方一侧的形成层相密接，绑扎后培土，使接穗顶端与土堆持平。也可用接蜡或黏土涂切口，或用塑料条包扎，保持切口湿润鲜健，容易愈合。枝接技术既可以用于育苗，也可用于大树高接换种等。

枝接前后注意事项：枝接前要治虫、除草，将砧木萌蘖及时抹除，以便于枝接操作，其他管理与芽接苗相同。

（三）嫁接后的管理

1. 剪砧 第二年春季 3 月下旬至 4 月上旬萌芽前，在接芽横切口的上方剪去砧木，剪口稍斜，近芽面高，距芽片 0.1 厘米，背面低，剪口与芽尖相平。

2. 除萌蘖 及时将杜梨砧上的萌蘖抹除，以减少养分消耗。有时需进行 2～3 次。

3. 摘心 梨树摘心后分枝仍不多。据河北的经验，6 月上中旬，当苗高达 1.2 米左右时，在 90～95 厘米处的半木质化或木质化部位剪截，并把剪口下第一、二芽位的叶片剪掉。由于剪口下芽体发育充实，剪掉叶片消除了叶片对腋芽的抑制作用，并利用了顶端优势，可多发分枝。

4. 肥水管理 在春季剪砧后要及时追肥浇水。苗高 30 厘米时，可再追肥一次，同时浇水。每次每亩追施尿素 5 千克左右。摘心后至 7 月中下旬及 9 月中旬后可追施氮、磷、钾复合肥或叶片喷肥，以促进苗木枝条生长充实。

5. 病虫害防治 注意观察，如发现病虫害，及时采取相应措施。

四、苗木出圃

苗木出圃是保证苗木质量的最后一关，要做到品种无误，苗木质量符合要求的规格，出圃后及时运出，保证适时栽植。

（一）出圃前的准备工作

要准备包装、起苗、消毒的工具、物品及农药，确定起苗和具体发运日期等。

（二）苗木出圃规格

根据栽植地区的气候、土壤等条件，制定梨苗出圃规格，最基本的要求是：

1. 特级

（1）生长健壮，主干端直，高度达到80～100厘米，直径达到1厘米以上；组织充实，整形带要有8个以上的饱满芽或符合整形要求的良好枝条2条以上。

（2）根系健壮，分布均匀，具有30厘米以上的主根和15厘米长的侧根3条以上，并有较多的须根。

（3）愈合完全，无损伤，无病虫害。

2. 一级

（1）生长健壮，主干端直，高度达到80～100厘米，直径达到1厘米以上；组织充实，整形带要有8个以上的饱满芽。

（2）根系完整，具有20～30厘米的主根和1～2条侧根。

（3）愈合完全，无严重损伤，无检疫性病虫害。

（三）起苗

起苗应在秋季落叶后至来年萌芽前进行。

挖苗时应逐床逐行分品种进行，切忌混乱，起苗时要尽量少伤根，保持苗木质量，挖出的苗木随即由专人进行就地分级，按品种、等级分段立即进行假植，尽可能减少根部暴露时间。

假植苗应成整数打捆，埋放假植沟中，同时苗捆上挂标签，沟上插标牌，按品种、等级、数量、日期分类，并绘图纪录，方便取苗，防止错乱。

（四）检疫及运输

运往外地梨苗，应经当地检疫单位检疫，获得检疫出口证明后才能运出。

准备运出的苗木从假植沟取出后要消毒，其方法如下：

方法1：用1∶1∶100的波尔多液（即1千克硫酸铜，1千克生石灰，100千克水）浸泡10～20分钟，取出后用清水淋洗根部1次。

方法2：用3～5波美度石硫合剂喷射或浸苗10～20分钟，后用清水淋洗根部。

苗木捆包上均要挂上布标签，注明品种、苗级、数量、日期和发往地点、单位等。

第二节　新品种苗木繁育——玉露香梨大苗培育

随着玉露香梨等新品种的推广，为了尽快投产获得较好的效益，建园时渐渐改变采用一年生单干苗的传统做法，而大量采用具有一定树形骨架的优质大苗。利用这类苗木建园可实现次年开花结果，比采用一年生苗建园提早3～4年投产和进入高产期。培育健壮的大苗，成为供苗单位的新任务。

一、圃地选择

苗圃地一般选择土层深厚、不易积水、pH7～8、有灌溉条件的壤土或沙壤土，要求周边环境、土壤等未被污染，尽量避免土壤贫瘠的地块，避免重茬。为充分利用土地，可在幼树行间育苗，但需保证幼树有足够的株行距及足够水肥，以不影响幼树正常生长为前提。

二、苗木选择

选择品种纯正、根系发达、嫁接口愈合良好、芽体饱满、无病虫害的一年生玉露香梨嫁接苗。嫁接苗要求苗高1米以上，基径1厘米以上，侧根5条以上，根长20厘米以上。

三、苗木移栽

苗圃地深犁细耙后，以（1～2）米×1米的行株距，挖长、宽、深各0.4米的栽植穴；栽植前先将表土与腐熟的有机肥以1∶5比例拌匀回填坑内，并适当填土至离地面25厘米处踏实。苗木修剪根系后，用生根剂蘸根，将苗子嫁接口背向迎风面放入坑内中部，边填土边提苗，使根系舒展，栽植深度以埋住原苗木地表土印1～2厘米为宜。栽后踏实土壤，整好树盘，并立即浇透水。待水完全下渗后，扶正倾斜苗，补平地表裂缝，栽后3～4天浇第二水。浇后在树盘铺地膜，封严地膜周边，以利保墒增温。萌芽前，在苗干80～100厘米饱满芽处短截定干，剪口涂愈合剂。

四、苗期管理

（一）土肥水管理

施肥遵循“前促后控，勤施少施”的原则。根据苗木生长需求，生长前期，结合浇水适当多施氮肥，促进苗木快速生长；落叶前施基肥，以有机肥为主，每株施35～50千克腐熟农家肥，配合适量磷钾肥。施肥方式为挖沟深施，隔年交替进行。

灌水除浇足萌芽水和封冬水外，宜结合施肥和气象条件适时进行。有条件的苗圃建议安装滴灌或微喷。降水量大时，应及时排除积水。

中耕一般结合锄草。锄草要遵循“除早、除小、除净”原则，在降雨、灌溉后及土壤板结时及时中耕，去除树盘内杂草。

（二）树形培养

树形选用小冠疏层形树形。玉露香梨苗顶端优势强，萌芽力高，成枝力偏弱。在培养树形时，早春适当刻芽，促发分枝，增加枝量，生长季节注意及时开张角度，促进树体成形。

移栽后，在苗木80～100厘米饱满芽处短截定干，剪口下留6～8个饱满芽。剪口下的3～5个芽成枝力差，多形成中短枝，甚至不萌发，应进行适当刻芽，或适当抹除剪口下2～3个芽。移栽第一年，苗木根系不发达，生长势弱，该年需加强苗圃管理，以养树为主，多留长放，暂时不确定主枝。

栽后第二年早春，在中心干延长枝60～80厘米处定干。在主干下发出的3～4个主枝及少数短枝中，选用方位好、位置适当、角度开张的2～3个主枝作为第一层主枝，疏除多余枝。缺枝方位选取较强的小枝或瘪芽，在枝、芽的上方进行刻芽，促发新梢；直立枝采用拉枝、撑枝技术加大主枝角度，开张角度为70°～90°。

栽后第三年，选用距离恰当，方位合适的1～2个主枝作为第二层主枝，层间距保持在80厘米以上。对中心领导枝延长枝进行短截，主枝弱的也可适当短截；在主枝上逐年培养小型结果枝组。

出圃时，苗木一般干高60～100厘米，径粗4～5厘米，无侧枝，具1～3层，4～6个主枝，主枝长度60厘米左右，苗高150～200厘米。

（三）苗期病虫害防治

玉露香梨苗期一般没有病害发生，主要是虫害。害虫主要有金龟子、红蜘蛛、黄粉蚜和梨木虱等。可在春季萌芽前喷3～5波美度的石硫合剂，或冬季进行树干涂白，生长季节及时清除苗圃内枯枝杂草，杀灭越冬的虫害及病菌。

五、出圃

出圃时间一般在春季土壤解冻后至清明节前后（3月下旬至4月下旬），或秋季叶片变黄后至落叶前。大苗随栽随挖。春季移栽最好在萌芽前进行，该时期移栽可不带土，挖苗时尽量带全根，以利苗木成活，保证后期生长势。生长季移栽须带土球起苗，土球大小以树冠为依据，尽量大些，以免损伤过冬根系。在苗木四周挖环状沟断根，根系切口要平整、不劈裂，以使苗木在栽植后易于愈合和发新根。同时注意在大风天气时不要起苗，避免因失水过多影响成活率。干旱苗圃地在起苗前2～3天灌水，以确保土壤湿润，减少根系损伤。土球挖好后将土球修整光滑，用无纺布包裹，再用草绳捆扎，或直接用草绳捆扎。

另外，在大苗运输过程中，要用湿润稻草、麻袋或草席等遮盖苗木，并根据温度和湿度状况进行通风和洒水。同时要注意防止伤根断根、折枝损芽及土球散裂。

第三章
梨园建立

第一节　梨树对环境条件的要求

梨树是一个抗逆性强、适应范围广的树种，可以在各种不同环境条件下生长，如可以在山地丘陵、平原沙滩、滨海盐碱地建立梨园。但是要达到高产优质，获得较高的经济效益的目的，还必须了解梨树本身对环境条件的要求，选择最适宜的区域，最适宜的土壤、气候、环境建园。

一、温度

梨树在生长期间需要较高的温度，在休眠期则需要一定的低温。白梨系统品种如酥梨、鸭梨、雪花梨等，在冬季可耐－23～－25℃的低温，适宜的年平均温度为7～15℃。沙梨系统品种如黄金梨、水晶梨、圆黄梨、丰水等在冬季可耐－20℃左右的低温，适宜的年平均气温为13～21℃，而西洋梨系统品种如茄梨、巴梨等冬季可耐－20℃左右的低温，适宜的年平均气温为7～15℃。

梨树经济栽培区的边界与1月的平均气温密切相关，白梨、沙梨不低于－10℃，西洋梨不低于－8℃。新疆梨和秋子梨最抗寒，以冬季最低温－38℃为栽培的边界指标。生长期过短、热量不够也是限制因子，确定以大于10℃的日数不小于140天为栽培区界限。

梨树的需冷量，一般为小于7.2℃的小时数为1 400，但品种之间差异很大，如鸭梨需要469小时，库尔勒香梨需要137小时，秋子梨系统需要低温时间较多，如小香水需1 635小时。栽培种类中以沙梨需冷量最少，有的品种几乎没有明显的休眠期。温度过高，生理活动受到阻碍，也不适应。所以，白梨、西洋梨系统在年平均气温大于16℃的地区不适宜栽培，秋子梨系统在大于13℃的地区不适宜栽培（表3-1、表3-2）。

表3-1 我国梨各种类、品种分布区气温情况

单位：℃

品种系统	休眠期（11月至翌年3月）	生长期（4～10月）	绝对低温
秋子梨	－13.3～－4.9	14.7～18.0	－33.1～－45.2
白　梨	－2.0～3.5	18.7～22.2	－15.0～－29.5
西洋梨	－2.0～3.5	18.7～22.2	－15.0～－29.5
沙　梨	5.0～17.0	15.5～26.9	－5.9～－13.8

表3-2 梨树各物候期要求温度界限

单位：℃

物候期	根系开始活动	新根长出	萌芽	开花期	枝叶速长	花芽分化	果实发育	落叶
温度	2	6～7	5～7	10～15	4～5	15以上	20以上	0～3

梨树开花需要10℃以上的气温，在14℃以上时，开花较快。梨树的花粉发芽需要10℃以上的气温，24℃左右时花粉管的伸长最快，4～5℃时花粉管受冻。花粉从发芽到达子房需16℃的气温条件下44小时，这一时期遇到低温会影响受精坐果。

另一问题是，白梨在自然休眠期需7.2℃以下的低温大约50天，气温增长，所需要的天数亦随之增加，如不能满足，则芽发育不好，以致花器发育差，影响花的整齐开放和授粉受精，叶芽和叶片生长发育不健壮。

果实在成熟过程中，昼夜温差大、夜间温度低有利于同化作用、果实着色和糖分积累。

二、光照

梨树喜光，年需日照时数在 1 600 小时以上的地区生长结果良好。

据日本关于光照条件对二十世纪梨果实品质影响的研究资料，认为相对光量越低，果实发育也越差，含糖量也越低；短果枝上及花芽的糖与淀粉含量也相应下降，也影响到下年的结果，开花时幼果的细胞分裂不充分，果实变小，即使当年的气候条件很好，果实也明显膨大不良。认为光照条件在全日照的 50%以下时，果实品质明显下降。当下降到全日照的 20%～40%时，就会很差。安徽砀山果树研究所研究表明，90%的果和 80%的叶在全光照 30%～70%的范围内，可溶性固形物的含量与光照度呈正相关，含量为 9.2%～11.5%。

为此，我们选择梨园建设地块必须考虑到光照问题。山西省山地、丘陵多，梨园尽量选择在阳坡地段，不得已也要将梨园建在保证有一定光照时间的半阴坡，决不能将梨园建在阴坡。

三、水分

梨枝梢的含水量为 50%～70%，幼芽为 60%～80%，果实为 85%以上。正常情况下每天每平方米叶面积的水分蒸发量为 40 克，低于 10 克即引起伤害。沙梨的需水量最多，在降水量为 1 000～1 800毫米地区仍能正常生长；白梨、西洋梨主要产区在 500～900毫米降水量的地区；秋子梨最耐旱，对水分不敏感。

据研究报导，如产梨果 1 千克，则年需水达 160 千克之多。

梨树喜水但如较长时间的积水，根系因缺氧不能正常呼吸而腐烂，因此，选择建梨园的地块最好有灌溉条件，但不能建在下湿、容易积水的地段。

四、土壤

梨树对土壤条件要求不是很严，沙土、壤土、黏土都可以栽培，但是仍以土层深厚、土质疏松的沙壤土为好。一般情况下，梨树根系要求土壤中氧气含量在12%以上时开始产生新根，15%以上时正常生长，低于2%时根系停止生长。梨喜中性偏酸的土壤，pH在5.8～8.5均能生长良好。梨和其他果树相比，比较耐盐碱，当含盐量达到0.14%～0.20%时可以正常生长，但是在0.30%以上的含盐量时即受害。不同砧木对土壤的适应力也不同。沙梨、豆梨要求偏酸，杜梨可偏碱，杜梨比沙梨、豆梨耐盐力都强。多数研究表明，梨树最适宜生长的土壤含水量标准是田间最大持水量的60%～80%，土壤质地与持水量的关系如表3-3。

表3-3　土壤质地与含水量的关系

单位：%

土壤质地	细沙土	沙壤土	壤土	黏壤土	黏土
田间最大持水量在60%～80%时的含水量	17.3～23.0	21.8～29.0	31.4～41.8	36.1～48.2	42.7～57.0

综上所述，建玉露香梨园时要尽量选保水、保肥、光照充足的山地或土层深厚的黄土丘陵区。

第二节　建园设计

一、园地规划

园地规划必须本着因地制宜、方便管理的原则进行。果园的各项设施要互相配合，达到经济利用土地和充分发挥各项设施最大效能的目的。

园地规划的主要内容，通常包括防护林的配置、栽植区的划分，排灌系统的设置以及道路的安排与修筑等。

（一）防护林的配置

防护林是果园的一项基本建设，能防风固沙，增加积雪，调节温度，保持水土，改善果园小气候条件，以利果树的生长和发育。

1. 防风固沙林 沙滩地的梨园，如山西省雁门关以北地区，常因风大影响树体正常发育，建立果园必须营造防风林固沙。常用乔木树种有黑松、赤松、刺槐、杨树、柳树等；常用灌木树种有紫穗槐、白蜡条、杞柳、柽柳等。大面积的果园配置防风固沙林，要每隔150～300米设一主林带，方向与主风方向垂直。宽度常绿树种为10米，落叶树种为20米。为防止侧向风的侵袭，在与主林带垂直的方向，每隔450～500米设一副林带，宽度约5米。在主、副林带构成的方格内栽植果树。小面积的果园，可在与主风方向垂直的果园边缘或沿河边设置林带。

防风林带的营造，应在果树栽植以前或同时进行，才能起到应有的效果，栽植距离一般是株距1米，行距2米，行内栽植紫穗槐、白蜡条、柽柳等灌木。

2. 水土保持林 为防止山地水土冲刷流失，蓄存水源，在山地果园的上部选栽松、刺槐等树种，沟边、路旁栽植紫穗槐，作为水土保持林。栽植方式以三角形为宜，栽植时应密植成片，使地面流水速度减缓，提高保持水土的效果。

（二）栽植小区的划分

为了管理方便，较大面积的果园可以划分一定数量的小区。每个小区的地形、坡向、土壤应尽可能一致，栽植的品种也不要太多，以2～3个品种为宜。小区面积的大小：山地、丘陵地可根据地形划分，一般5～30亩，河滩地果园可更大些。

（三）排灌系统的设置

有水源条件的果园，应考虑排灌渠道的修建。如目前尚无水源条件的，也要考虑到将来的水利化问题。

灌溉渠道主要由干渠、支渠和灌水沟组成。干渠的位置要高，以便加大灌溉面积，缓坡地一般设在分水岭地带，丘陵山地果园沿等高线设在上坡，沙地果园设在大区的道路一侧。干渠坡降一般不超过 1/1 000，支渠设在小区道路一侧，位置比干渠略低，坡降不超过 3/1 000，以便水流适度。

地下水位较高容易积涝的沙滩地果园，排水系统由果园小区的排水沟、小区边缘的排水支沟组成。排水沟距离和坡降，依地下水位高低和雨季的雨量多少而定。

山地果园的排水系统是在梯田内沿修筑连接排水沟，由排水沟连通蓄水池或水库。

（四）道路的设置

大面积的沙滩地果园其道路的设置常与防护林及栽植区相结合。大区间以大路为界，宽度可达 5～6 米；小区间以小路为界，宽度可按 3～4 米设计。山地果园应根据地形修筑道路。在道路外侧修筑排水沟，减少地面流水对路面的冲刷，路面宽度以方便运输为宜。

二、授粉品种的配置

玉露香梨品种为自花不结实品种，需要异花传粉，所以建立玉露香梨为主栽品种的梨园时，要考虑栽植一定数量的授粉品种。这些授粉品种应该是有较高经济价值、丰产、稳产，且与主栽品种花期一致、有大量花粉且花粉发芽良好的品种。生产实际中，多使用黄冠梨、红香酥梨等品种做授粉品种。

授粉树的配置方式，既要有利于传粉，又要便于管理，通常是每 4～6 行主栽品种间栽 1 行授粉品种。为方便采收时运输，每品种都以双行栽植较好。山地果园每 5～6 株主栽品种中间栽 1 株授粉品种，以便互相授粉，提高结实率。根据建园的目的，也可增加授粉品种和栽植株数。

三、栽植密度和方式

合理密植可以增加单位面积的株数，提高早期产量和单位面积产量。

通常密度应依据梨树种类或品种特性、果园地势、土壤特点及计划采用的整形方式和机械化程度等来确定。如杜梨实生砧玉露香梨树冠大、寿命长，栽植株行距可适当大些；采用矮化中间砧的树，栽植株行距可小些；土壤深厚、肥沃的株行距可大些，土壤瘠薄或丘陵山地株行距可小些。

梨树栽植方式常因园地的具体条件而不同。平地或沙滩地果园，多采用正方形或长方形栽植。正方形栽植的株行距相等，通风透光良好，管理方便；长方形栽植的行距大、株距小，有利间作和机械作业。山地果园已整修梯田的，根据梯田面的宽度确定栽植方式，如梯田面较宽，可按计划的栽植密度考虑正方形或长方形栽植（行向与等高线平行）；如梯田面较窄，栽 1 行太宽、栽 2 行又太窄，即可采用三角形栽植 2 行，株距可大些，行距可小些。

通常玉露香梨多采用中密度栽植，行株距一般以 4 米×3 米为多，适宜采用二层开心形树形。如以 4 米×2 米行株距栽植，宜采用自由纺锤形。如以（3～4）米×（0.75～1）米的行株距进行超密栽植，宜采用细长纺锤形。

为方便田间作业，不论哪种栽植方式、哪种树形，都要留有足够的行距。

第三节　栽植时间及栽植方法

一、栽植时间

我国北方冬季低温多风，秋季栽植果树越冬保护非常重要，或埋土，或缠裹塑膜，无论哪种方式都需要做大量工作，所以多采用春季栽植的方式。为避免春季栽树时工作量大，可在秋季做好栽植的准备工作，如将栽植坑挖好，把计划用的肥料填入栽植坑内。可以将绿肥、杂草、秸秆等有机材料一并填入，增加土壤保水能力，做到“秋水春用”。

二、栽植前准备工作

根据计划栽植密度和方式，用测绳拉线，行距做好标记（插上树枝或撒石灰均可）。然后挖深 1 米、直径 1 米的圆坑，或长、宽、深均为 1 米的方坑，把表土和心土分两边放。栽时将表土和基肥混合均匀填入坑内，约占坑的 2/3，如使用一年生幼苗，可填至距地面 20 厘米左右，如使用二至三年生大苗，可填土至地面 30～40 厘米，然后将坑内土踩实成四周高、中央低的半圆形。

三、栽植方法

栽苗时，将苗木摆正，标准是嫁接口略高于地面，埋苗的土尽量使用原来的表土，每株苗随填土施入氮、磷、钾复合肥 0.5～1.0 千克。填土时随填土随依照根系自然着生状态摆顺根系，使根系舒展，不可让根系被填土压成团，然后踩实，栽后立即灌水。挖坑剩余心土可用来修地堰。注意千万不可栽苗过深，以免延长缓苗期。

第四节　玉露香梨品种高接

在已建成的梨园中，对现有梨树品种园采用高接换种技术，是迅速推广玉露香梨新品种，迅速占领市场，以至于快速增强产品竞争力的一个有效途径。一般讲，高接换种技术主要是对当地生态条件不适应或缺乏市场竞争力的品种、劣质低产树的改造。高接换种的树体要求健康、长势良好，树势严重衰弱的不宜高换。另外，立地条件太差、树龄过大的果园也不宜高换。除此之外，砧穗组合是否合适也是能否高换的一个重要因素。

一、接穗采集

1. 冬季接穗的采集 在冬季修剪时，对玉露香梨品种树修剪下的枝条选择枝芽生长充实、无病虫害的一年生枝条收集起来，每50条或100条捆在一起，放在冷库内用湿沙子埋起来，开春嫁接时用。注意沙子在埋接穗前要浇水，用手握成团、放开则散就可以了。同时要经常检查，防止沙子变干使接穗脱水。

2. 夏季接穗的采集 在夏季6～7月采集接穗时，要选择未封顶的发育枝，将叶片去掉，用湿润的麻袋等材料包裹好，最好是随用随采。如距离较远时，注意运输过程中的保湿处理。

二、高接梨园的选择

计划改接换种的梨园，尽量选择树龄基本一致、树冠大小相近、树相整齐、树体生长健壮、病虫害较轻，同时，地势平坦、土层较厚且肥沃、有灌溉条件的园片。

为保证不使盛果期梨园在高接换种期间损失过大，尤其是主栽品种为酥梨等较优品种的，高接玉露香梨品种的，通常要采取隔株嫁接的方式，这样做一是没有高接的树还可以有产量，二是将来玉露香梨丰产以后再去掉酥梨，可以保证行间距，同时对梨树的产量影响也不是很大。

三、嫁接时间及砧木处理

1. 嫁接时间 对树龄较大的树，通常在春季3～4月树液开始流动至开花期进行枝接，6～7月进行补接时芽接；而对于树龄较小的树，则在春季、夏季都可以进行。

2. 砧木骨干枝的去留　树体较大的树可按二层开心形结构的要求，选留5～6个大主枝，留枝长度为原主枝的1/3，每主枝上要留2～3个侧枝，中央领导干的高接部位要高于主枝，主枝要高于侧枝，侧枝要高于其他枝。中央干不要过长，离最上一个主枝20厘米处锯掉，骨干枝头锯口直径在6厘米以下为好，最大不超过8厘米。在选留骨架枝时，可考虑以留两侧为主，留背上、背下为辅。

3. 砧木辅养枝的去留　对尚有生长空间的部位，辅养枝可回缩到内膛，对影响骨干枝生长的辅养枝，从基部去掉。对骨干枝、辅养枝以外的枝留长度10厘米左右，使结果枝组尽量靠近骨干枝，以利于更新复壮。

对光秃部位，安排在同侧每隔35～40厘米腹接一穗，作为大型结果枝组培育。

四、嫁接方法

1. 枝头用皮下接　接穗选择以两侧芽为主，背下芽、顶芽为辅。在削接穗时要求削面长、平、薄，大斜面长3～5厘米，背面削成0.5～0.7厘米的两个小斜面，呈箭头形。换接的枝头锯口要削平，并切一竖口，将接穗大斜面朝向木质部，沿竖口插入，插到接穗削面露出0.5厘米长为准。一接口嫁接2个接穗，左右各1个。然后用塑料薄膜包在锯口上，捆绑好，以不露伤口、接口为宜。

2. 光秃部位用皮下腹接　先刮掉老皮，在露白处，与干成45°角切一个T形切口，然后在横切口也削去半圆形皮，接穗削片与皮下接相同，只是削的斜面稍短一些，将接穗插入切口内，插牢后用地膜将嫁接部位密封好。

3. 细枝用切腹接　将细枝剪短，在剪口下斜切2～3厘米长的切口，把接穗削成2～3厘米的斜面，另一面削成稍短的斜面插入切口，长斜面向木质部，与高接枝一面形成层对齐。接好后用地膜将接穗包严。

4. 嫁接枝头的数目 根据树龄、冠径、栽植密度等确定每株树高接换优的数目。一般主枝上每隔35～45厘米嫁接一个头，树高不超过1.7米，主干上缺枝的部位用皮下腹接。一般大龄树高接头数可按原树冠幅的投影面积每平方米有12个接头为宜。

五、嫁接后的管理

1. 肥水管理 高接前，每株树每年要施腐熟鸡粪100千克，尿素3～4千克，氮、磷、钾复合肥（15-15-15）4～15千克。在嫁接后，第一年地下施铁、硼、镁、钙等微量元素。根据梨树的生长发育情况和气候情况进行灌溉。

2. 除萌蘖 高接树当年改接枝生长旺盛，在原树的伤口附近会萌发出很多萌蘖枝，如嫁接枝可确定成活时，应尽早除掉，以免浪费养分，影响高接枝的生长。如确定嫁接未成活，可将萌蘖枝选留1～2条，待夏季补接。

3. 绑缚支棍和架设棚面 高接后第一年新梢长势旺，愈合尚未牢固，易被碰折或风折。为此，当新梢长到30厘米左右时，应在接枝对面绑缚支棍。

4. 夏季修剪 夏季修剪是提高成花率，尽快恢复树冠、产量的关键措施。

（1）扭梢。对部分较直立的新梢，待长30～40厘米时，从基部慢慢地轻扭半圈，扭梢枝当年可成花率达50%以上。

（2）摘心。一是生长空间较小的强旺梢及时摘心控制生长；二是在大空间对强旺新梢进行重摘心（大叶处）增加分枝；三是能促进花芽形成。

（3）拉枝。把较直立的或较稠密的枝变成斜生或水平状，在新梢停止生长后，先拿枝软化，能别的别，能撑的撑，不然可拉枝或坠枝。

5. 秋季补接 6～7 月在萌蘖枝的基部进行芽接。到 8～9 月，可带木质部芽接。其他方法，如劈接、切接、舌接、插皮接等也可。

6. 冬季修剪 以轻剪和保花为主原则；接后 1～2 年内一般不疏枝；需扩大部位的枝，可从饱满芽处剪截，需第二年成花的发育枝进行甩放或轻剪；成花的中短枝一般不剪；长果枝或腋花芽枝，在全树花量少时，可用来结果，若花量大时可剪去部分，用甩放形成的串花枝，可适当缩剪。

7. 病虫害防治 高接园全年以防治黑星病、黑斑病、黄粉蚜、梨木虱、绵蚜等病虫害为主，根据病虫害发生情况，选择适当农药防治。

六、梨树长梢高接

1. 接穗采集与贮藏 接穗采集时间是在 12 月至翌年 2 月。接穗要 1～1.5 米长，而且要保证枝条充实。采下的接穗，先晾上半天，然后用塑料布全部包住，放在温度变化小的房檐下、库房或背阴处挖 50 厘米左右的坑埋起来。

2. 砧木选择 选用 20 年生以下树势壮树较好。

3. 嫁接时间及要领 树液流动旺盛的 4 月中旬是最合适时间（盛花后）。嫁接时，侧枝从分枝处留 10 厘米左右切除；主枝先端是从比接穗粗的地方切除。

嫁接以切接、劈接为好，切接时接穗削法比普通要长，削面长达 5 厘米。接完后用塑料布把接口绑好，要用竹签或铁丝把接穗固定好。接穗顶端可涂保护剂。

嫁接成活后 2 周左右，芽体开始膨大，要把徒长的新梢及早去掉或拉平，砧芽及时抹除。嫁接部位的塑料布到 8 月上旬左右去掉。嫁接枝先端用支柱固定。

第一年修剪要轻剪，多留叶片。第二年即有产量。

第四章
梨树的年生长周期

梨树是多年生作物，自然寿命很长，在老梨区，可见到百年以上树龄的植株仍枝繁叶茂、果实累累。在梨树整个生命活动过程中有两个周期，一个是生命周期，即从幼年期、结果初期、盛果期到衰老更新期。这个周期的生长发育状况和其他果树一样，因品种、砧木和气温、降水量、土壤等环境条件，以及栽培技术水平的高低而不同。另一个是年生长周期。在一年中随着外界环境的变化，梨树出现一系列的生理与形态的变化，呈现一定的生长发育规律性。这种随气候而变化的生命活动过程称为年活动周期。在年活动周期中所表现的生长发育变化规律，通常由器官的动态变化反映出来。这种与季节性气候变化相适应的果树器官动态变化时期，称为生物气候学时期，简称物候期。

梨树的年生长周期中有两部分生命活动。一部分是营养生长，从萌芽、新梢生长、枝条成熟至落叶休眠，完成一个营养生长周期；另一部分是生殖周期，即从花芽分化、开花、坐果、果实生长至果实成熟。习惯上，我们将年生长周期按时间进程分为 6 个阶段，即休眠期，根系活动期，萌芽、开花坐果期，枝叶扩大、花芽分化期，果实膨大期和养分蓄积期。在各阶段的生命现象存在重叠和交叉，人为划分只是为了生产管理方便。

第一节　休眠期

梨树的休眠期在 11 月上旬开始至翌年 3 月中旬的落叶期间。从落叶开始，光合作用一开始停止，芽就进入休眠状态。休眠分为主动休眠和被动休眠。在主动休眠期，即使有适合萌芽、生长的温度和其他环境条件，芽也不会萌动。经过1 300～1 400小时7.2℃以下低温条件下的休眠，就进入被动休眠。而进入被动休眠期，如果遇到适宜的环境条件就能够萌芽。

休眠期树体内养分的变化为：

1. 糖分 梨树进入主动休眠期后，枝条内糖分减少，而淀粉增加，淀粉含量最高时间是休眠最深的时期，以后，糖分逐渐增加，淀粉逐渐降低，进入被动休眠期。淀粉不能作为营养直接被利用，要是向能够利用的糖转化，才能成为进入被动休眠期后体内生化反应的能源。到2月下旬，糖分达到高峰期，淀粉含量已很低，这时遇合适温度树体就能够发根及发芽。

2. 无机成分 在地温低的休眠期内，根系不能吸收养分，在秋季地温尚在10℃以上时，施用的肥料被根系吸收后贮藏在内部，为翌年4月发新根迅速提供营养。一到9～10℃时，新根开始吸收养分，同时向芽等组织移动。

3. 休眠与植物激素 进入主动休眠期，脱落酸增加，赤霉素减少，经一定低温后，逐渐主动休眠减除时，脱落酸减少，赤霉素增加，特别是受脱落酸抑制的生长素，因赤霉素的增加被活化，也促进打破休眠。由此可见，淀粉的动态与脱落酸的动态相似，而糖分的动态与赤霉素的动态相类似。休眠期的结束，与脱落酸与赤霉素的某种平衡相关联。

第二节 根系活动期

到3月中下旬，土壤温度开始上升，当达到0.5℃时，梨树的根系开始活动，长出白色新根，开始吸收养分。根系的生长发育受温度、土壤含水量、土壤含氧量、营养物质的供应及土壤坚实度的影响。在这时根系活动所需营养来自树体的贮藏营养。

这个时期很短，仅1～2周。随着气温和地温的升高，树体进入萌芽、开花坐果期。

第三节 萌芽开花坐果期

3月下旬至4月上中旬，当日平均气温达到5℃以上，土温达到7～8℃时，经过10～15天，梨树开始萌芽。梨树的萌芽是由休眠转化到生长的一个标志。这个时期从花芽膨大、花序伸出到落花为止。花芽要经过这几个阶段：芽膨大、鳞片开裂、开绽、花蕾出现、花序伸出、初花、盛花及落花，经授粉受精后形成果实。而叶芽则由芽膨大到幼叶分离为止。

一、萌芽、开花的条件

控制萌芽的外部条件是温度，在这个时期各器官的发育都依靠前一年秋季蓄积贮藏养分。如果贮藏养分不足，有些芽体发育不良，即使温度充分，萌芽迟缓，也不整齐。如果贮藏养分充足，芽体发育良好，萌发整齐。萌芽是否整齐，可作为判断贮藏养分是否充足的一个标志。同样开花、授粉、受精及幼果发育也与贮藏养分有关，贮藏养分充足时花开整齐，坐果率高，幼果分裂的细胞数也多，以后优质果实比例就高。

梨树的花序为伞房花序。花序上的花朵，自下而上依次开放，每花序有5～10朵小花。一般健壮树、健壮枝花朵数多，而弱树、弱枝花朵数少。花朵由花梗、花托、花萼、花瓣、雄蕊、雌蕊6部分组成。雄蕊由花丝、花药两部分组成。花药干燥开裂后散出花粉。雌蕊由柱头、花柱和子房3部分组成。子房内有胚珠，胚珠内有胚和胚乳。胚由卵细胞受精后发育而成。

二、花粉的发育过程

在春季，随着温度的升高，一般是在开花前的30～40天，位于雄蕊顶端的花药药室里的胞原细胞进行细胞分裂，形成许多花粉母细胞。开花前22～25天，花粉母细胞进行两次核分裂，变成4个核的细胞。其中，第一次分裂是带有遗传因子染色体的减数分裂，称之为二分子期，第二次为四分子期，4个核分别形成细胞膜，成为一个独立的花粉，称之为小花粉细胞，之后形成坚实的外壁（花粉壁），成为一个独立的花粉粒。为了形成花粉壁，需要消耗花粉的养分，花粉粒内的养分被大量消耗而出现空胞期。从四分子期到空胞期，对低温的抵抗力最弱。这时，正值开花前15～25天，容易遇到低温，使花粉发育不良，发芽力低。在生产实践中常会遇到这一情况。

在开花前13～15天，花粉粒的内容物开始充实。花粉粒内的一个核细胞分裂为两个核，称为二核期，其中一个核是雄性核，另一个核是营养核。

开花前10～12天，在花粉粒内开始积累淀粉，花前7天左右，淀粉积累量达到最大，这时称之为淀粉花粉期。

花前2～4天，花粉粒中的淀粉转化为糖，变成糖花粉，之后花粉成熟。随着花朵开放，花药开裂，花粉散出。

三、授粉受精结实过程

当花朵开放后，雌蕊的柱头开始分泌黏液，雄蕊的花药开裂散出花粉。花粉粒落在雌蕊柱头上的过程称为授粉。雌蕊的柱头在温度较高的气候条件下分泌黏液，使花粉粒吸水，由椭圆形变成近似圆的三角形，随之花粉发芽，形成一个花粉管，沿着雌蕊的花柱伸入子房。花粉内的生殖核及营养核沿花粉管进入雌蕊的胚囊，与卵细胞结合形成种子，而完成受精过程。

花粉发芽是一个复杂的生物学过程，影响花粉发芽的因子很多，与生产实践有关的因子主要有这几方面。

（一）内在因素

1. 花粉的质量 由于品种不同，花粉的发芽过程、遗传因子、树体的营养基础等不同，使各品种间的花粉质量有很大差异。质量好的花粉发芽率高，质量差的发芽率低。

2. 花粉粒的发育程度 花粉粒在开花前要经历一个复杂的生理变化才能成熟。即时在同一药囊内的花粉成熟程度也不完全一致，只有完全成熟的花粉粒才能完成受精过程，因此，花粉的成熟度越高，授粉的效果越好。在一个花序上开花早晚不一，花瓣全部展开后的花朵，花药则开始开裂散出成熟花粉；而呈气球状态的花朵，花粉粒尚未充分成熟。因此，如果要采集花粉时，就应采集气球期至花瓣呈卷曲状开放的花朵，其花粉量大，而且成熟度较高。

3. 品种的亲和力 梨的品种多数为自花不实的品种，也就是说，在同品种梨树之间授粉不能受精结实。因此，在我国优良品种中，除鸭梨的自花结实系金坠梨及日本自花结实系二十世纪梨外，多数为自花不实的品种，这就需要选用与主栽品种不同的品种作为授粉树。这些授粉树还要与主栽品种有较强的亲和力，否则达不到授粉的效果。

（二）环境因素

1. 温度与花粉粒的发芽 开花期进行授粉受精也与温度关系很大，梨花粉发芽的最佳温度是25～27℃，当温度为20℃时，发芽率降低为最佳发芽率的60%左右；当温度在15℃时，则降低为20%左右；温度在10℃以下几乎不发芽。30℃以上的高温都会妨碍授粉受精，发芽后，花粉管伸长的速度也大体出现了以上的规律。在20～25℃的适温条件下，授粉后72～96小时可完成受精过程。待受精结束后，幼果开始发育，主要是进行细胞的分裂，增加细胞数量。

因此在梨树进行人工授粉一定要在气温较高的条件下才能发挥作用。花前温度低，雌蕊柱头黏液少，落到柱头上的花粉粒则不能发芽伸入花柱，甚至容易散失。

2. 开花期天气干燥柱头老化 当花朵开放时，遇到干燥天气，雌蕊的柱头很快会老化、变褐，花粉粒落到干燥、老化、变褐的柱头上，则不会发芽，特别是在高温干燥的情况下，在花朵开放的一天之内柱头会完全变褐。当遇到这种情况时，应在柱头尚未老化前喷水，以保持柱头湿润，提高授粉的效果。

3. 晚霜危害 雌蕊的柱头抵抗低温的能力最差。如在开花期遇到晚霜，柱头就会变褐枯死，给柱头变褐的花授粉是无效的。但在通常情况下，全树的花朵由于雌蕊的抵抗力的差异，不会全树冻坏，尚有一部分花朵可以受精坐果。在花序伸出时，有时遇到低温也会使花序内花朵的雌蕊受冻。开花时有些只有雌蕊的残体，有的甚至只剩 1 个小黑点，这种花也是不能坐果的。

4. 降雨的影响 花朵开放后，在授粉前降雨，雌蕊的柱头在空气湿度较大、温度尚未升高的情况下不易老化，有时可以保持 2～3 天。待雨后温度上升时，出现黏液，是授粉的最佳时期。

以 20 毫米降水量试验，在授粉后 1 小时降雨由近 50％的花粉从柱头上冲掉，2 小时后降雨时冲掉 20％，在温度较高的情况下，由于花粉粒伸出的花粉管已长入花柱，此时降雨则不会影响授粉效果。但降雨前气温在 15℃以下时，由于花粉粒发芽率低，降雨后冲掉的花粉就会更多。所以需根据综合条件进行分析，以决定是否需要重复授粉。

5. 风的影响 开花后的微风有利于授粉。风力较大，则使花朵向背风的方向偏斜，对自然授粉和人工授粉都是不利的。尤其是干燥风和风沙，会使柱头很快老化，黏液上沾满灰尘而影响花粉粒的附着，这时，需要喷水，以延长授粉期。

第四节 枝叶扩大、花芽分化期

这个时期是从盛花期开始到 7 月上旬前后枝条生长停止为止。为保证枝条和叶片的健壮生长，需要 15℃以上的气温、充足的日照、较高的湿度和充足的氮肥及其他矿质营养。

在这一时期的前期，随着枝梢延长，叶片数增加，叶片的光合作用逐渐增强，光合产物增加，加上根系对土壤矿物质营养的吸收，树体发育所需营养，由依靠贮藏营养逐渐转化到依靠新生的叶片制造和根系吸收的营养，这被称为营养转化期。营养转化期的早晚和持续时间长短还是依靠贮藏营养是否充足。

枝条的旺盛生长期，在叶腋间形成芽，称为腋芽。枝条由旺盛生长逐渐过渡到缓慢生长至停止生长，形成顶芽。顶芽和腋芽因营养状况的差异而成为花芽或叶芽。顶芽为花芽的通常称为结果枝，顶芽为叶芽的称为发育枝。枝条伸长生长停止过早或过晚都不利，生长停止过早，影响其总生长量和叶面积，从而影响营养物质的制造和积累。停止生长过晚，则组织不够充实，影响越冬能力。停止生长的早晚与外界条件和栽培技术有关。

在6～7月，部分叶芽开始向花芽转化，即花芽分化开始。花芽分化是梨树年周期中重要的使命活动之一。花芽的多少和质量与产量高低有直接关系。花芽分化受品种、树龄、树体营养状况及外界温度、光照、水分及氮素供应等因素影响。因此，保证花芽的顺利进行是栽培的重要任务之一。

花芽分化的过程可分为生理分化期、形态分化期和性细胞形成期。生理分化期是在形态分化期前1～7周（一般为4周左右）出现。其表现是在芽的生长点内进行生理变化。

花芽分化是在树体内外条件综合作用下产生的，花芽分化的物质基础集中反映为营养物质的积累水平。一定的外界条件，如光照、温度、水分、矿质元素和管理水平则是花芽分化的重要条件。

为了增加营养物质的积累水平，促进花芽分化必须从整体着眼，增强树势，提高光合效率；同时从局部着手，控制生长，使树体向有利于积累营养物质的方面转化。在栽培管理中，采用一系列技术措施，如秋施基肥、早春灌水、生长期叶面喷肥和促整体控局部的修剪方法，都有利于树体的生长发育，扩大营养面积，为营养位置的积累创造条件，为细胞的分化提供物质基础。

一、影响新梢生长的条件

决定新梢生长的条件有多种，这个时期的问题是土壤湿度和树体营养。

（一）土壤水分

梨具耐水性，是对水分需求量较大的树种，土壤水分也要多。土壤水分为干土重的20%时，显示最大的生长量。当降低到15%以下时则抑制新梢的生长。而含水量降低到9%左右时，叶片开始凋萎。

相反，土壤含水量上升到40%左右时，其他果树（苹果、葡萄、柿、无花果等）完全停止生长或地上部与地下部枯死，而梨树根的50%，新梢的70%会受到抑制。这样，说明梨比其他果树耐湿性强，对水分需求也多。但在排水不良的土壤中根系也会受到伤害。含水量充足且排水性好的土壤是理想的。

（二）营养条件

从新梢内的无机营养与新梢的生长关系看，在枝叶扩大期的氮素含量变动相当大。在萌芽、开花、结果期显示相当高含量，而随着枝叶的不断生长，到停止生长的7月中旬无太大变化。因此可认为枝梢的扩大要利用相当多的氮素。钾的增减与氮素显示同样趋势。钙从萌芽到枝梢扩大期几乎没有变化，显示稍微增高的倾向。磷有稍微减少，没有显著变化；镁也显示同样的倾向。

糖含量，到这个时期与萌芽、开花、结果期相比显著增加。

二、结果枝与发育枝的营养

调查结果枝与没有着果的发育枝的营养成分，发现结果枝的钾很少，氮素也少，磷素不明显。而糖分多，这是随着果实膨大、成熟，糖分积累的结果。

即使是同样的结果枝，长果枝与短果枝的营养状态也不同。长果枝显示短果枝与发育枝的中间的营养状态。从果实的发育与品质看，短果枝的果实成熟早，糖度也高，果形也比长果枝有好的倾向。

这可以理解为短果枝与长果枝中的氮素与糖分的比例不同的原因。

三、与光合作用有关的因素

（一）光照度

看梨叶片的光合作用与光的关系，在3万勒克斯以下时，随着光照度的增加，光合产物也增加，但增强到3万～4万勒克斯，光合产物几乎不增加。当到一定光照度后，即使光照度增加，果树叶片制造的光合产物也不再增加时这个光照度被称为光饱和点，这是果树光合产物量与光的关系的重要指标。3万～4万勒克斯为梨树的光饱和点。

叶龄与光合产物的关系，尚未充分展叶的幼叶，光饱和点为成龄叶的1/3左右，很快达到饱和点，而且，光合产物也仅有成龄叶的1/4左右，即幼叶需要光较少，光合产物也较少。

4月中旬萌芽的叶片，30天左右成为成龄叶，光饱和点为3万勒克斯左右，相当于正常叶片的功能了。从5月开始至9月，3万～4万勒克斯的光照度为饱和点，而到10～11月，随气温下降，光合产物量减少，光饱和点有上升的趋向。

在夏季晴天时的太阳光照度可达10万勒克斯，而梨有3万～4万勒克斯光照就可以满足，同时幼叶也能进行光合作用，似乎光能浪费，但在田间的梨树上，因叶片互相重叠，背阴处叶片往往光照不足，还需要反射光，所以为保证每叶片均有3万勒克斯的光照条件，必须进行拉枝、疏枝等工作。

（二）温度的影响

梨树叶片光合产物量在温度为24～26℃时最大，在20～30℃的范围内对果实生产影响很少，但当温度一旦上升到32～34℃时光合产物量非常低下，当温度下降到17℃左右时光合产物量也开始下降，到15℃以下时，急剧下降。光合作用受影响的温度为15℃以下的低温和35℃以上的高温。

（三）土壤水分的影响

叶片光合作用受土壤水分影响很大。当土壤水分在18%～25%时，光合产物无明显变化。当土壤水分下降到10%～15%时，光合产物急剧减少，土壤水分上升到30%以上时，光合产物也减少。因此在夏季晴天土壤干燥时必须注意灌水，而在雨季又必须注意排水。

（四）结果量与光合作用

据报道，当着果量为标准着果量的2倍时，叶片的光合产物增加，但当着果量多达标准着果量的4倍时，叶片光合产物反下降。着果量减少到标准的一半时，光合产物也下降。可知，着果量一定程度的增加，叶片的光合作用不受影响，反起到促进光合作用的作用；极端的结果量过多，会使树势衰弱，导致光合作用减弱。

（五）氮肥与光合成量

叶片光合产物随氮肥增施而有一定程度地增加。相反，氮肥一减少，光合产物也减少。氮素不足，叶片黄化，光合能力下降。因此，合理增施氮肥较好。在实际的生产中，如氮肥施用过量，枝叶生长繁茂，光照条件变差。因此在施用氮肥的梨园要注意枝条管理，充分改善树体光照条件。

枝条管理较好的梨园，天气良好时，一定程度地多施氮肥叶片光合能力可提高。光照充足的管理情况下，一定程度地过用不会有大问题。但在光照少的年份，氮肥施用错误，会严重影响光合成能力，必须注意。

四、花芽分化

（一）枝条生长与花芽分化

梨树新梢停止伸长生长开始花芽分化，新梢生长停止越早，分化越早，一般是短果枝、中果枝、长果枝的顺序。在短果枝上不论结果或不结果，花芽分化时期都不变。短果枝在6月中旬至7月上旬开始花芽分化，长果枝（40～70厘米）在7月中旬至8月上旬，极长果枝（80厘米以上）在7月中旬至9月上旬分化。

（二）制约花芽分化的因素

与花芽分化有关的因素，一般可考虑光照、温度、二氧化碳、水分等。这个时期是枝叶旺盛生长期，因此以光照的关系最大，其次是水分和温度。

1. 光照 光照良好时光合产物多，也就是糖多，糖多可促进花芽形成。为此，必须保证光照在光饱和点以上，提高光合能力。

2. 温度 光合作用的最适温度有利于花芽分化。光合成的最适温度为24～26℃，或不影响光合成的温度在20～30℃。另一方面，花芽分化与地温的关系是影响营养和水分的吸收，但在花芽分化时期影响养分、水分吸收的异常的温度少，影响较小。

3. 水 水是光合作用的原料。水分一多，土壤中肥料成分，特别是无机养分吸收的多。与花芽形成相关联的氮素的吸收多也会影响花芽分化。因树体吸收水分与吸收氮素相关，在比土壤标准含水量20%稍低时，会有利于花芽分化。

因此，光照、温度与水分是通过光合作用来影响花芽分化。氮素的量是间接的关系，光合作用好的，氮素含量较多时，花芽形成多。

第五节 果实膨大成熟期

果实从7月上中旬至8月期间为果实膨大期，也是枝条充实期。果实膨大期是果树利用当年生营养期。在这一时期，果树有节奏地进行营养生长、养分积累、生殖生长，是养分生产和合理运用的关键时期。因此，这一段的主要任务是保护好叶片，抑制秋梢生长，为果实膨大和花芽分化提供充足的营养。

一、果实的构造与发育过程

梨的果实是由围绕子房的花托的一部分膨大后成为果肉而形成的。在营养学上将仅由子房膨大后形成的果实称为真果，如桃、杏、柿等，而将子房以外的组织膨大后形成的果实成为假果，如苹果、梨等。

梨果肉由花托与萼片的一部分发育、膨大构成，其果肉多汁、肥厚，还含一部分石细胞。当水分严重不足，或根系因受到湿害、干旱而导致树势衰弱时，细胞壁硬化，成为石细胞，石细胞多时，果肉变硬，品质明显降低。石细胞的多少成为果实品质优劣的一个标志。

普通梨果实含有 10 粒种子，而在营养极其不良时，仅有 2～3 粒。树体的营养状况和授粉时的环境条件影响了种子数。种子数一少，明显影响果实的膨大程度和品质。种子具有分泌激素、引导养分向果实输送的功能，使果实可以正常膨大并提高糖分，提高品质。

梨果实的发育过程呈 S 形曲线，幼果自受精后膨大很少，此时为细胞分裂期。盛花期 30 天以后也就是果实细胞分裂停止后，分裂后的细胞开始膨大。但在开始的 1 个月左右是细胞充实内含物时期，果实外观并没有明显的变化，以后一进入 7 月，就进入细胞迅速膨大时期，一直到进入成熟期，膨大才缓慢下来。

果实的大小，由构成果实的细胞数与单个细胞的大小决定。细胞数的多少取决于贮藏养分的水平，而细胞的膨大则取决于光合产物的多少。成熟期磷、钾肥的合理使用也关系重大。

因品种不同，膨大的果实在成熟前 20 天左右开始着色。这以后特别是含糖量显著增加，含酸量减少，淀粉减少，乙烯增加，果实内部急剧变化，向成熟发展。

二、影响果实发育的因素

（一）光合作用与果实的发育

梨的果实中含糖 10%～15%，含糖量的多少关系到梨的口味，特别是含糖量是决定果实品质的重要尺度，提高含糖量特别重要。

一进入果实膨大期，果实急剧膨大，而且细胞内糖蓄积迅速。在这个时期果实生长占膨大期的50%～60%，糖积累约占全糖的50%。

光合作用在果实膨大期急剧提高，在8月一度降低，一进入9月再度提高。这个时期的光合作用极大影响果实的含糖量，因此为了提高光合作用，提高光照条件的整形、拉枝、适量结果等管理措施很重要。

（二）植物激素与果实发育

植物激素是控制果实膨大与成熟的重要物质。在梨树上有赤霉素4、赤霉素3及细胞分裂素、脱落酸、生长素、乙烯等激素可能参与了果实的整个发育过程。其中与果实膨大关系深的是赤霉素4。在果实膨大期初期，主要是赤霉素和细胞分裂素起作用，以后，在果实逐渐成熟时，脱落酸和乙烯关系大。

另外，果实中主要是种子生成这些植物激素的。因此，明确种子中植物激素的消长是探明果实生长的重要课题。种子生产的激素供给果实，促进了果实的膨大和成熟，生产种子数多的果实是与高品质、高产量相联系的。

（三）水分与果实的发育

梨果实中含有90%左右的水分。水分在维持植物生命的同时，起着膨润细胞、支持各组织的功能。在果实的生长过程中，伴随着细胞急剧膨胀，水分的供应特别重要；但水分超过所需时，多量的水分供给会引起根系的湿害，特别是膨大初期，遇到湿害，反而会产生石细胞多的硬肉果。

土壤水分的多少直接关系到根系的活力。土壤水分的急剧变化，会影响根系的吸水能力，从而影响果实发育。将梨园的土壤改良成保水能力强和排水好的土壤很重要。

（四）叶果比与果实的发育

一个果实膨大至成熟，必须有相当的光合成产物供给。因此，同化产物器官的叶片对于果实数的多少影响很大。梨的叶果比（使果实成熟的必要的叶数）是 20～30 为宜。全园叶面积指数为 2.5～3.0 为宜。果实的数量过多，必然引起光合产物竞争，从而使膨大停滞，含糖量下降。另一方面，同时还要下年使用的花芽，如对花芽的养分供给不足，花芽不充实则会影响下年的结果。

（五）无机养分与果实的发育

在这个时期重要成分是氮、钾、钙。如氮素不足，全体树的生长衰弱，果实的细胞膨大不能充分进行，即使果实到达成熟阶段，品质也下降。相反，氮素过多时，蛋白质生产不停，细胞长时间膨大，成为含糖量少的果实。另外，枝叶受到氮素的刺激生长迅速，光环境变劣，负效应也大。氮素不足与过量都影响果实的成熟与品质。钙素不足则会诱发多种果实病害。钾素可以膨润细胞，促进细胞膨大，在果实膨大期起着重要的作用，因而钾肥被称为果肥。但钾肥过量，会抑制钙的吸收，容易引发生理病害。磷素与细胞数的增加有关系，但对果实的膨大影响不大。

（六）果实与枝叶的竞争

果实的发育与枝叶和根的生长关系很大。各器官间协调生长是最理想的。枝叶的增加，光合产物增加，但随叶面积指数提高，在果实发育时期，枝叶过旺的生长又会引起养分的竞争。枝叶生长处于强势，会使果实养分供应减少，膨大停滞。这时必须通过夏季修剪减少部分枝叶和改善光照条件来解决。

第六节　养分积累期

树体内的养分积累期，即从采收期开始至落叶这段时间，为同化养分向根、枝、干、花芽等组织内贮藏的时期。

在果实采收后，叶片合成的糖与根系吸收的无机养分同样进入根、枝、干及花芽，开始使根及营养器官得到发展和充实，这些统被称为贮藏养分。贮藏养分对于下年的萌芽、发根、开花、坐果、幼果发育及其重要。作为影响贮藏养分积累水平的条件，必须重视9月以后的叶片。

为增多贮藏养分，首先要确保叶片及叶片的功能。树势衰弱的叶片光合能力也弱，此时提高叶片的光合能力，必须迅速恢复树势。为此在9月上中旬至10月上旬增施速效性肥料，特别是氮肥意义很大。比较实验表明，在养分积累初期的8月上旬施肥区的叶片光合能力非常高，甚至可达无施肥区的2倍以上。而到10月施肥区的叶片光合能力则开始下降。所以秋施肥的早晚，极大地影响树势的恢复和养分积累。同时要注意水分合理供应及叶片病虫害防治。

秋施肥料的吸收要依靠秋根，秋根发生要依靠树体内的有机养分，如结果过多，采收过晚，都会影响树体内有机养分的水平。另外，土壤温度也是影响秋根的重要环境条件，土温一旦降低到15℃以下则发根会很差。要确保地温在15℃以上，促进秋根发生，土壤进行有机覆盖是非常有效的一种措施。

第五章 土肥水管理

土、肥、水是梨树生长发育的基础，梨园土、肥、水的管理水平，直接影响梨树的产量和质量。玉露香梨突出的市场效应是和其独特的优良品质相联系的，加强土、肥、水的科学管理是保证玉露香梨品质的基本保证。

第一节　梨树根系特点

梨的根系发达，有明显的主根，须根较稀少。垂直根分布深度一般在2～3米的土层内，水平根分布一般为其冠径的2～4倍。初果期植株的根系集中分布在20～40厘米的土层内，距树干较近，在1米左右；在盛果期，植株的根系分布较深、较远。总之，梨树的根系以20～60厘米的土层中分布最多最密，80厘米以下的根较少；水平根分布则近主干处根系越密，树冠外一般根越少。根系分布的深度、广度和稀密程度，与品种、砧木种类、土质、土层厚度、土壤结构及地下水位、地势和栽培管理措施等方面有关。

地温达到0.5℃时根系开始活动，土壤温度达到7～8℃时，根系开始加快生长，13～27℃是根系生长的最适温度。达到30℃时根系生长不良，达到31～35℃时根系生长则完全停止，超过35℃时根系就会死亡。因此，一般每年有两次高峰。第一次在新梢停止生长后，根系生长最快，形成生长高峰；第二次在采果前根系生长变强，出现第二次生长高峰。生产中应结合这两次根系生长高峰来施肥，尽量在生长高峰到来之前将肥料施入。

土壤水分对根系生长也会有影响。在土壤分布层，土壤含水量达到田间持水量的60%～80%时最有利于根系的生长。

影响根系生长活动与土壤温度、水分、通气、矿质营养、树体营养等条件密切相关。梨园土壤管理主要着眼点是促进根系生长发育。如地面覆盖秸草，夏季可以降低地温，冬季可以提高地温，有利于表层根的发育；改良土壤、深翻深锄可以使土壤通气，有利于深层根的发育。施肥、灌水促进根的发育，改善树体水分、矿质营养状况。春季根系生长，保证果实膨大，对当年产量品质影响甚大；秋季采后生长，有利树体积累和次年早春开花、坐果及叶幕的形成。过多负载，树体营养亏损，则根发育不良，以致影响吸收功能，树体进入衰弱、低产的恶性循环。

第二节 土壤管理

土壤管理是果树栽培技术中重要的措施之一。对果园土壤进行科学管理，改善土壤团粒结构，创造有利于土壤微生物活动环境，使能够透气、保水、保肥和调节温度，为果树提供一个可以赖以生存的良好土壤环境，保证各种养分和水分及时充足供给，不仅可以促进根系良好生长，而且能增强树体代谢作用，促进树体生长健壮，为梨园高产、优质创造适宜的土壤条件。

一、常用土壤管理方法

（一）清耕法

所谓清耕法是对果园行、株间土壤地面，常年保持休闲，定期翻耕锄耙，松土灭草，不间作任何农作物或覆盖绿肥作物的土壤管理方法。这是传统的管理方法，现在被认为是较为落后的方法。其优点是土壤完全处于休闲状态，当其有自然植被（指自然杂草）覆盖期间，有短期的覆盖作用。缺点是当定期翻耕灭草后，会加剧土壤有机质的消耗而得不到补充，地力会逐渐下降，且易引起水土流失和风蚀，尤以坡地、山地、沙荒果园更为明显。此法在世界各主要果树生产国已淘汰不用了。

(二) 生草法

生草法是在果树行间单播或混播多年生豆科或禾本科绿肥牧草植物，或者利用当地的自然杂草，全年视其生草情况和需要，定期收割置于原地或移至树盘作覆盖材料之用，并对收割后的生草根茬追施无机肥料，而果树株间则采取除草剂灭草。

生草法的优点是，能改善土壤理化性状，促进土壤团粒结构形成，提高土壤有机质含量，进而提高果品产量。以日本青森县苹果试验站 5 年的试验结果为例证实，同清耕法相比：

①直径为 2.5 毫米的土壤团粒结构数量提高 4 倍左右。

②水流失量减少约 1/2。

③土壤流失，清耕区为每 1 000 $米^2$ 2 028 升，生草区为 17 升。

④土壤有机质含量，清耕区由 0.81%下降到 0.47%，而生草区则由 0.81%上升为 0.84%。果品产量平均提高 30%左右。生草法还能大量节省劳力，在炎夏还有降低地表温度的作用。

生草法的缺点是，在一定的生草时期内，生草与果树之间有争水争肥矛盾，而且在果园土壤肥力低，肥水条件又较差的情况下，此矛盾尤为明显。另外，果园长期生草，易引起果树根系上翻。

(三) 覆盖法

覆盖法是指采用各处不同的有机或无机材料，对果园的果树株行间或树盘土壤表面进行覆盖的方法。所用有机材料有绿肥作物干体或鲜体及各种农作物秸秆、杂草、枯枝落叶等。无机材料主要是沙粒、煤渣（用于黏土果园）、淤泥或河塘泥（用于沙土果园），而化工产品主要是塑膜。

覆盖法的共同优点是冬季保暖、炎夏降温，可减少土壤水分蒸发，抑制杂草丛生，减轻水土流失，增加土壤养分。其缺点是若采取连续多年长期覆盖，会引起果树根系上翻，并易成为病虫害隐蔽场所；且因覆盖而需要投入一定的劳力和资金。对于因覆盖带来的副作用，可结合每年秋施基肥，将覆盖残余物集中一并埋入施肥沟中，翌年重新覆盖。结合对果树喷施农药，顺便兼顾对覆盖有机物适当喷施。

1. 绿肥 在初夏播种绿肥有利于土壤有机质的分解和无机养分的释放，有利于果树前期生长。夏季播种覆盖的绿肥作物，可吸收土壤中过多的水分和养分，有利于果实品质提高。在夏季降低地表温度，减少水土流失。

2. 无机物 利用无机物（如沙粒、煤渣、淤泥、河塘泥等）做覆盖材料，最好结合秋施基肥局部改良土壤时将覆盖物与果园土壤进行掺混，以达到改变局部土质地（又称之为土壤机械组成），进而改善其渗水透气性和保水保肥性。

3. 塑料薄膜 用于果园覆盖，多见于新定植的幼树或密植果园中，用于果树营养带或树盘地表覆盖之用。其主要作用是早春提高地温和保墒，有利于果树根系提早活动和促进土壤中养分的释放。此外，用黑色塑料薄膜覆盖，有抑制杂草丛生的作用；用银灰色塑膜覆盖，具有一定反光作用，有利于果树着色。塑膜覆盖的缺点是价格较贵，投资较大；覆盖后的残体若不及时清除，会对土壤造成一定的污染。

4. 园艺地布 也称“防草布”“地面编织膜”等，由聚丙烯或聚乙烯材料的窄条编织而成，颜色有黑色和白色，20 世纪 80 年代开始出现并广泛应用于园艺领域，原来主要用于温室中，起地面防草、保持整洁的作用。园艺地布应用于行间覆盖最早由四川省农业科学院提出并进行试验示范，由于缺乏对园艺地布覆盖方法和价格的了解，目前生产上面积推广应用面积较小。地布材料露地可使用 5 年以上，年使用成本低；渗水性好，水分可渗入土壤，保持土壤湿度，保墒效果好；可长期控制杂草；省工节本、生产高效等，对于现代果园特别省力化栽培具有重要价值。

覆盖园艺地布的优势：首先，铺设园艺地布后树盘土壤湿度得以保持，植株根系表面积增加，吸收营养能力增强。保持土壤湿度透水率是园艺地布的一项重要技术指标，它指的是单位面积、单位时间内透过的水量，反映了地布透过表面积水的能力，应用于果园的地布通常要求透水率≥5.0 升/（秒·米^2）。有效抑制了土壤水分的无效蒸发，并且抑制效果随着无纺布覆盖高度的增加而提高。在无降水条件下，地膜、地布覆盖均能提高土层土壤含水量13%～15%，两者保墒效果相当。因此，必须增加覆盖植株的肥料供应以保证植株迅速营养生长的需求。

其次，果园行间覆盖园艺地布后，土壤湿度得到保证，同时养分利用率也大大提高，果实产量也必然增加。加拿大西部一项6年的苹果园研究表明，黑色地布覆盖后，叶片营养元素含量随着生长季节不同而变化，树势和产量要高于未铺设地布的处理。这与英国在苹果园中的试验结果一致。黑色园艺地布可以阻止阳光对地面的直接照射，同时其本身坚固的结构能阻止杂草穿过地布，从而保证了地布对杂草生长的抑制作用。特别是在丘陵山地果园中，地面不平、石块较多，地膜、生草、人工除草等措施难以实现，园艺地布控制杂草显示出巨大优势。诸多研究表明，在果园行间铺设黑色园艺地布几乎完全控制杂草生长，且比其他化学或非化学除草方法更具优势。

最后，土壤氮素特别是有机态氮流失实际上是坡面径流与土壤氮素相互作用的结果。坡度较大的山地果园容易在雨水的冲刷下形成地表径流，造成严重的土壤侵蚀和氮素流失；而植被覆盖率高的坡地则由于根系的固着而使水土流失大大减少。通过铺设园艺地布可以避免雨水对土壤的直接冲刷，保持水土，防止氮素流失，保护生态环境。

（四）果粮（棉、油、菜、药）间作法

此法是利用果树株行间甚至树盘地面，间作各种农作物或蔬菜、药材等，目的在于通过间作增加果园经济效益。

优点是，在地壮肥足，果树株行间距较大，间作物选用合理的情况下，能增加果园经济收入，尤其在新栽的幼龄果园中，因树体株行距宽，适当进行合理间作矮秆或伏地生长的农作物，确实是

“以短养长”的可取方法。缺点是在地瘦肥缺的情况下，因果粮争水争肥矛盾加剧，而明显影响果树正常生长和开花结实。同时还会因每年随着农作物种子和秸秆收获，运出果园，而导致果园地力逐年下降，最终害大于利。一般在初建果园的1～3年采用，随着果树树冠扩大，种植带逐年缩小，一般3～4年则停止种植，成年果园不可采取此法。

（五）免耕法

免耕法是农艺家克里于1943年首先提出的，此法在国外研究报道较多，国内极少，是对果园土壤长期不耕作而利用除草剂除草的一种管理方法。其优点是不翻动土壤，保持土壤自然结构或状态，土壤有机质分解缓慢，有助于土壤结构的形成和恢复，水土流失少，且节省劳力。

二、常用绿肥种类

比较常用的绿肥作物有以下几种：

（一）白三叶

白三叶（*Tritolium repens*）系豆科多年生草本绿肥饲料作物。其主根短，侧根发达，根系多集中于地表10厘米左右，形成稠密发达的根层，根瘤多而大。茎匍匐生长，实心，光滑，细长，可达30～60厘米。茎节生梗，在地面纵横交错。叶为三出复叶，小叶心形，叶面中央有一白色V形斑。叶柄细长直立，长约20厘米。

白三叶在果园行间种植，由于大部分根系密集于地表，不与果树争肥争水，与深根性果树矛盾较小；可强烈抑制杂草；固氮能力强，据测定，每亩可固氮10～13千克，相当于施用尿素22～29千克；可提高土壤有机质含量0.1%；其对地面覆盖期长，可达8～9个月；耐践踏，不影响田间树体管理。

白三叶干物质中含粗蛋白28.7%、粗脂肪3.4%、粗纤维

15.7%，营养成分高，适口性好，各种家禽家畜均喜欢采食，且再生能力强，适于放牧。

适应性强，具有一定的耐寒、耐旱能力，在土壤 pH4.5～8.5 范围内，只要地面稍湿即可生长，播种期不严格，春、夏、秋均可播种。每亩播种量 0.5～1 千克。播前要精细整地。条播时行距 30 厘米左右，深 0.5～1 厘米，也可撒播。

（二）毛叶苕子

毛叶苕子（*Vicia villosa* Roth）豆科一年生或二年生草本绿肥、牧草作物，全株密被长柔毛。根系发达，主根深达 0.5～1.2 米。茎细长，攀缘，长可达 2～3 米，草丛高约 40 厘米，多分枝，一株可有 20～30 个分枝。偶数羽状复叶，具小叶 10～16 个，叶轴顶端有分枝的卷须；托叶戟形；小叶长圆或披针形。总状花序腋生，总花梗长，具花 10～30 朵；花蓝紫色。荚果长圆形，长约 3 厘米，内含种子 2～8 粒；种子球形，黑色。

毛叶苕子耐寒力较强，在山西省雁北地区秋季－5℃的霜冻下仍能正常生长。耐旱力也较强，在年降水量不少于 450 毫米地区均可栽培。对土壤要求不严，喜沙壤及排水良好的土壤，不耐潮湿，适宜 pH5～8，在含盐 0.25%的轻盐化土壤均可正常生长。从播种到荚果成熟约需 140 天。生长后期，植物上部直立，下部平卧，导致茎叶腐烂。

毛叶苕子是优良的绿肥作物，初花期鲜草含氮 0.6%、磷 0.1%、钾 0.4%。根系和根瘤能给土壤遗留大量的有机质和氮素肥料，改土肥田培肥地力，增产效果明显。毛叶苕子用作绿肥或青饲料应在现蕾至初花期，草层高达 40～50 厘米时即应刈割利用，一般一个生长季节可刈割 2～3 次，亩产鲜草 1 750～2 750 千克或更高。

毛叶苕子春、秋播种均可。千粒重 25～30 克，每亩播种量 1.5～2 千克，以采种为目的播种量可减半。单播时无论撒播、条播、点播均可。条播行距 30～40 厘米，点播穴距 25 厘米左右。采种用行距可增大至 45 厘米，播深 4～5 厘米。与禾草或麦类作物如黑麦草、燕麦、大麦等混播，可提高产草量。毛叶苕子苗期生长缓慢，要注意中耕除草。采种时，应在 50%以上荚果成熟时即行收获，每亩采种 30～60 千克。

（三）百脉根

百脉根（*Iotus corniculotus* L.）系豆科多年生草本植物。原产欧亚温暖地区，19 世纪开始栽培。百脉根主根深长，侧根多而发达，有发达的须根群，簇拥在根颈下方 0～25 厘米的土层中。在细根和须根上，根瘤密布，根瘤球形，单生或并生，呈粉红色。茎圆形中空，光滑无毛，无明显主茎，呈匍匐或半匍匐状态。植株分枝与侧枝多，侧枝着生部位低，茎叶纵横交错，上下重叠，形成厚而致密的覆盖层。叶为 3 片小叶组成的复叶，对生，因叶柄基部有两片托叶与小叶相似，常被认为 5 片叶片，所以又名五叶草。花为伞状花序，花量大。开花半月后鼓荚，再半月后果实成熟。因花期长，荚果成熟极不一致。荚果长而圆，角状，呈放射状张开，有种子 10～15 粒。种子球形黑色，饱满，千粒重 1～1.2 克。

百脉根茎叶柔软，养分高，一年生茎叶干物质含蛋白质 18.98%、磷 0.198%、钾 1.44%。茎干木质化程度低，用作饲料，适口性好。每亩产草量达 1 500 千克左右。

百脉根严密覆盖地面，可保持水土，减少地面径流，稳定地温，抑制杂草。耐践踏，出苗容易，用种量少。

（四）背扁黄耆

背扁黄耆（*Astragalus complanatus* Bunge）系豆科黄耆属多年生植物，又名蔓黄耆。生长寿命 5 年左右。实生苗第一年即可开花结实，茎横切呈扁圆形，故名背扁黄耆。开蓝色小花，总状花序，成熟荚果黑色，呈扁平状舟形，两端翘起，腹背缝开裂，两侧各有一排种子，共 20～30 粒。

背扁黄耆在果园覆盖性好，具有降低地温的作用，在夏季 5～

40 厘米土层可比裸露地面降低地温 5.0～9.5℃，可以保持土壤含水量，改良土壤，提高土壤有机质、速效磷及速效钾的含量。在栽培条件下，可压制杂草。矮生，耐踩踏，耐旱、耐寒，草质优良，初花期枝叶含氮 2.49%，含磷 0.243%，含钾 2.583%。

背扁黄耆播种一次，可连续生长 5～6 年，不需翻耕。每年刈割 2 次，每亩可产青草 1 312.5 千克。9 月种荚陆续成熟。采种每亩一年生可采 52.5 千克，二年生 127 千克。除作绿肥外，因其枝叶无毒、柔软、无味、适口性好，可作家畜的优良饲草。另外，背扁黄耆种子名为沙苑子，是一种重要中药材，有补肾、固本、养肝、明目的功效。可加工沙苑子酒、沙苑子奶糖等多种产品。

背扁黄耆种子小，播种一般采用条播，行距 30 厘米左右，播深 3 厘米。播种量每亩 1 千克，幼苗蹲苗期较长，需进行必要的管理。

（五）红豆草

红豆草（*Onobrychis viciifolia*）又名驴食豆、驴喜豆，原产欧洲，为豆科红豆草属多年生草本。根系发达，根颈处每年萌发很多分枝。自播种第二年开始，分枝可多达 20～50 个。叶为奇数羽状复叶，有小叶 8～15 对，小叶长椭圆形，着生在总叶斑两侧，叶革质柔嫩。分枝中有部分分枝茎直立生长，有部分茎部不抽长，仅着生簇拥的复叶，使植株呈半匍匐状态。茎圆柱形，中空。株高 80～120 厘米，节间处着生复叶，在上部叶腋处抽生花梗，花粉红色，总状花序。荚果扁平，淡褐色，有凸起网纹，每荚 1 粒种子，荚果成熟时不开裂。种子连荚千粒重 21 克。

红豆草根系分布在 0～40 厘米处，主根明显，主根入土最深达 1.5 米以上，侧根和须根多，抗旱性强，在年降水量 200 毫米处也能生长。

播种当年可收获种子 25 千克左右，产草 500 千克。第二年，在有灌水条件下，每亩产草可达 2 250 千克。红豆草茎叶柔软，富含多种营养成分，据测定，在初花期干物质含粗蛋白 11.46%、粗脂肪 1.41%、粗纤维 31.13%，并且适口性好，多种家畜爱吃。同时，枝叶中含丰富矿质营养，初花期茎叶干物质中含氮 2.26%、磷 0.31%、钾 2.06%。如树下开沟压绿肥，每压 1 000 千克青枝叶，相当于施硫酸铵 31.9 千克、过磷酸钙 5.1 千克、硫酸钾 12.1 千克。

（六）小冠花

小冠花（*Coronilla varia*）是一种半匍匐蔓生性豆科多年生牧草。原产南欧和地中海地区，1974 年引入我国。

小冠花茎长 50～100 厘米；奇数羽状复叶，小叶 10 对左右；伞形花序腋生，由 8～22 朵小花呈环状紧密排列在总花梗顶端，形似花环，花梗突出在叶丛之间，比较醒目，花粉红色，花期从 5 月下旬到 8～9 月；荚果条形，有明显荚节；种子小，呈红棕色。

小冠花根系发达，有侧向水平根，向四周扩展，水平根上着生不定芽，有条件时即能出土形成新的植株。因小冠花有很强的繁殖能力，在果树行间种植后，可逐渐向株间铺满，起到覆盖和抑制杂草生长的作用。

小冠花细根上着生有很多根瘤，分布在 30 厘米上下的土层中，根瘤呈扇状，有时密集成 1 厘米大小的团块。

小冠花耐寒、耐旱、耐瘠薄。干旱果园里春季发苗慢，到后期建植完成后将会长期绿草如茵、花色鲜艳，同时可以防止水土流失，在果园中成片栽植，抑制杂草的同时不但可保持土壤湿度，也是较好的观花地被植物。

（七）紫花苜蓿

紫花苜蓿（*Medicago sativa* L.）属豆科苜蓿属多年生草本。原产于小亚细亚、伊朗、外高加索一带。

紫花苜蓿植株高 30～100 厘米。根粗壮，深入土层，根颈发达。茎直立、丛生以至平卧，四棱形，无毛或微被柔毛，枝叶茂盛。羽状三出复叶；托叶大，卵状披针形。花序总状或头状，长1～2.5厘米，具花5～30朵；花长6～12毫米，花梗短，约2毫米；花冠各色，有淡黄、深蓝至暗紫色等。荚果螺旋状紧卷2～6圈，中央无孔或近无孔，径5～9毫米，被柔毛或渐脱落，熟时棕色；有种子10～20粒，种子卵形，长1～2.5毫米，平滑，黄色或棕色。

紫花苜蓿富含优质膳食纤维、食用蛋白、多种维生素（包括B族维生素、维生素C、维生素E等）、多种有益的矿物质及皂苷、黄酮类、类胡萝卜素、酚醛酸等生物活性成分，世界各国广泛种植为饲料与牧草。紫花苜蓿茎叶柔嫩鲜美，不论青饲、青贮、调制青干草、加工草粉、用于配合饲料或混合饲料，各类畜禽都喜食，也是养猪及养禽业首选。

紫花苜蓿适应性广，喜欢温暖、半湿润的气候条件，对土壤要求不严，除太黏重的土壤、极瘠薄的沙土及过酸或过碱的土壤外都能生长，最适宜在土层深厚疏松且富含钙的壤土中生长。紫花苜蓿不宜种植在强酸、强碱土中，喜欢中性或偏碱性的土壤，以pH 7～8为宜，含盐量小于0.3%，地下水位在1米以下。土壤pH为6以下时根瘤不能形成，pH为5以下时会因缺钙不能生长。可溶性盐分含量高于0.3%、氯离子超过0.03%，幼苗生长受到盐害。

为提高产量，增加紫花苜蓿后期生长对磷、钾肥的需求，在耕地前每亩施有机肥1.5～2吨（或成品有机肥100～200千克）、氮肥（尿素）5～6千克、磷酸二铵15～18千克，在沙土地每亩施钾肥3～5千克。

（八）早熟禾

早熟禾（*Poa annua* L.）为禾本科早熟禾属一年生或冬性禾草植物。秆直立或倾斜，质软，高可达30厘米，全体平滑无毛。叶鞘稍压扁，叶片扁平或对折，长2～12厘米，宽1～4毫米，质地柔软，常有横脉纹，顶端急尖呈船形，边缘微粗糙。圆锥花序宽卵形，长3～7厘米，开展，小穗卵形，含小花，绿色；颖质薄，外稃卵圆形，顶端与边缘宽膜质，花药黄色，颖果纺锤形，4～5月开花，6～7月结果。

该种作为草坪栽培，生长速度快，竞争力强，一旦成坪，杂草很难侵入，而且再生力强，抗修剪，耐践踏，草姿优美，具有良好的均匀性，密度和平滑度，适用建造各类草坪。

该草是重要的放牧型禾本科牧草，从早春到秋季均可放牧，耐践踏，营养价值高，各种家畜都喜采食。在种子乳熟、青草期，马、牛、羊喜食；成熟后期，上部茎叶牛、羊仍喜食；夏秋青草期是山羊的抓膘草；干草为家畜补饲草，也是猪、禽良好饲料。

草地用，可条播或撒播。因种子极小，播种前要特别精细整地；播种后要求镇压土地，保持土地湿润。每公顷用种子 7.5～12.0 千克。控制播深，播深 1～2 厘米，保证出苗率。行距可 30 厘米。与白三叶、百脉根混播，可以提高草的产量、质量，调节供草季节。

（九）高羊茅

高羊茅（*Festuca elata* Keng ex E. Alexeev），属禾本科羊茅属多年生地被植物。按功能用途分类，分草坪型（观赏）和牧草型（作为牧草饲养牲畜）。性喜寒冷潮湿、温暖的气候，在肥沃、潮湿、富含有机质、pH 为 4.7～8.6 的细壤土中生长良好。大量应用于运动场草坪和防护草坪。

高羊茅叶鞘光滑，具纵条纹，上部者远短于节间，顶生者长 15～23 厘米；叶舌膜质，截平，长 2～4 毫米；叶片线状披针形，先端长渐尖，通常扁平，下面光滑无毛，上面及边缘粗糙，长10～20 厘米，宽 3～7 毫米；叶横切面具维管束 11～23，具泡状细胞，厚壁组织与维管束相对应，上、下表皮内均有。花果期 4～8 月。

高羊茅选取种子直播即可。播种时间宜在 3 月中旬或 9 月中下旬。为了避免杂草危害，秋季播种效果较好。播种前 20 天施芽前除草剂防除杂草。播种量每亩用种 1.4 千克，播后覆盖 1～2 厘米厚的细土，保持土壤湿润，一般 50 天左右就能成覆满。

（十）黑麦草

黑麦草（*Lolium perenne* L.）禾本科黑麦草属多年生植物。为各地普遍引种栽培的优良牧草。生于草甸草场，路旁湿地常见。广泛分布于克什米尔地区、巴基斯坦、欧洲、亚洲暖温带、非洲北部。秆高30～90厘米，基部节上生根，质软。叶舌长约2毫米；叶片柔软，具微毛，有时具叶耳。穗状花序直立或稍弯；小穗轴平滑无毛；颖披针形，边缘狭膜质；外稃长圆形，草质，平滑，顶端无芒；两脊生短纤毛。颖果长约为宽的3倍。花果期5～7月。

黑麦草喜温凉湿润气候。宜于夏季凉爽、冬季不太寒冷地区生长。10℃左右能较好生长，27℃以下为生长适宜温度，35℃生长不良。光照强、日照短、温度较低对分蘖有利；温度过高则分蘖停止或中途死亡。黑麦草耐寒、耐热性均差，不耐阴。在适宜条件下可生长2年以上，国内一般仅作越年生牧草利用。

黑麦草在年降水量500～1 500毫米地方均可生长，而以1 000毫米左右为适宜。较能耐湿，但排水不良或地下水位过高也不利黑麦草的生长。不耐旱，尤其夏季高热、干旱更为不利。对土壤要求比较严格，喜肥不耐瘠。略能耐酸，适宜的土壤pH为6～7。

选择土质疏松肥沃、地势较为平坦、排灌方便的土地进行种植。播种前对土地进行全面翻耕，并保持犁深到表土层下20～30厘米，精细重耙1～2遍，并清除杂草，破碎土块后镇压地块，使土壤颗粒细匀，孔隙度适宜。开沟做畦，沟深30厘米，宽30厘米，畦的方向依地形定以便于排灌，每畦宽2～3米。施足基肥，每亩施1 000～1 500千克的农家肥或40～50千克钙镁磷肥。将整理好的土地以1.5～2米进行开墒待用。按每亩按1.2～1.5千克进行播种。

黑麦草的播种方法有条播、点播、撒播3种，一般以条播为主，辅以点播和撒播。条播：将整理好待用的土地以1.5～2米进行开墒，以行距20～30厘米，播幅5厘米，按每亩1.2～1.5千克的播种量进行播种，覆土1厘米左右，浇透水即可；零星地块用点播的方法进行，其方法是：穴距离为15厘米×15厘米，每亩按1千克左右（每穴8～12粒）的播种量进行播种，覆土1厘米左右，浇透水即可。

在幼苗期要及时清除杂草，每一次收割后要进行松土、施肥，每亩施入尿素10千克，应特别注意施肥必须在收割后2天进行，以免灼伤草茬。因各种因素造成缺苗的要及时进行补播。出苗后主要有地老虎和蛴螬等危害牧草，可用敌百虫、高效氟氯氰菊酯等相关药物在天黑前喷雾防治，地老虎也可采用灌水方式进行防治。

播种后40～50天即可割第一次草，割草时无论长势好坏的都必须收割，第一次收割留茬不能低于3厘米，以后看牧草的长势情况，每隔20～30天收割一次，留茬不能低于3厘米。同时根据实际情况，可留至拔节期收割。第一茬草适当早割，这样可促分蘖。用于饲喂牲畜用不完的青草可进行青贮利用。

黑麦草生长快、分蘖多、能耐牧，是优质的放牧用牧草，也是禾本科牧草中可消化物质产量最高的牧草之一。常以单播或与多种牧草作物如紫云英、白三叶、红三叶、毛叶苕子等混播。牛、羊、马尤喜欢其混播草地，不仅增膘长肉快、产奶多，还能节省精料。牛、马、羊一般在播后2个月即可轻牧一次，以后每隔1个月可放牧一次。放牧时应分区进行，严防重牧。每次放牧的采食量，以控制在鲜草总量的60%～70%为宜。每次放牧后要追肥和灌水一次。

（十一）鸭茅

鸭茅（*Dactylis glomerata* L.）为禾本科鸭茅属多年生草本。疏丛型，须根系密布于10～30厘米的土层内，深的可达1米以上。秆直立或基部膝曲，高70～120厘米（栽培的可达150厘米以上）。叶稍无毛，通常闭合达中部以上，上部具脊；叶舌长4～8毫米，顶端撕裂状；叶片长20～30（45）厘米，宽7～10（12）毫米。圆锥花序开展，长5～20（30）厘米；小穗多聚集于分枝的上部，通常含2～5花；颖披针形，先端渐尖，长4～5（6.5）毫米，具1～3脉；第一外稃与小穗等长，顶端具长约1毫米的短芒。颖果长卵形，黄褐色。鸭茅营养价值高，鲜草营养期粗蛋白质含量可高达18.4%，相当可观，可青饲或调制干草、制作青贮，也可放牧利用。

鸭茅喜欢温暖、湿润的气候，最适生长温度为10～28℃，30℃以上发芽率低，生长缓慢。耐热性优于多年生黑麦草、猫尾草和无芒雀麦，抗寒性高于多年生黑麦草，但低于猫尾草和无芒雀麦。对土壤的适应性较广，但在潮湿、排水良好的肥沃土壤或灌溉条件下生长最好，比较耐酸，不耐盐渍化，最适土壤pH为6.0～7.0。耐阴性较强，在遮阴条件下能正常生长，尤其适合在果园下种植。

果园种植绿肥能否成功，关键是苗期管理，苗期要注意清除和控制杂草生长，生长期应及时刈割。另外，种植多年生绿肥初期应适当增加肥水，可利用雨天全园撒施氮肥，为避免旱季与果树争夺水分，应在旱季来临前及时割草覆盖。绿肥一般在生长3年后开始变弱，产量降低，应结合更新进行全园深翻，隔年后再重新种植。

第三节　施　　肥

一、施肥量

梨每年施肥总量为每生产100千克梨果需施入纯氮0.5～0.6千克，纯磷0.5～0.6千克，纯钾0.25～0.3千克（均指有机肥和化肥的总含量），施肥比例保持在氮∶磷∶钾＝1∶0.5∶1。在梨树的花果管理中，节制氮肥，增进磷、钾肥用量不仅对提高梨产量、品质尤为重要，还可以壮树温势，早成花、早结果，结果后又有利于以果压冠，节制树体过高过大。梨施肥标准具体为：氮肥在基肥中占50%，三次追肥分别为20%、20%、10%；磷肥在春季或秋季一次施入全量；钾肥在第二、三次追肥时分别施入60%、40%。

基肥的施肥量为：幼树每亩施2 000～3 000千克农家肥，挂果树每亩施5 000～6 000千克农家肥，再配合施入50～80千克的氮磷钾复合肥，以保证果树稳产高产。

二、施肥时期

1. 基肥 梨施肥以基肥（农家肥）为主，速效肥为辅。基肥在每年采收后，于8月末至9月末早秋施入最好。秋施基肥可促使花芽分化，提高花芽质量和枝芽饱满度，增强树体抗寒力。

2. 追肥 全年至少4～5次。

（1）芽前肥。以氮肥为主，要在初春抽芽前2周施入，并灌透水。

（2）亮叶肥。进入5月中下旬至6月初，叶片转为深绿色，风吹叶片转闪发亮，故称为亮叶期。以磷、钾复合肥为主，在亮叶期施入。

（3）果实膨大肥。施2～3次，以钾肥为主，施少量磷、氮肥。在6月中下旬至7月中下旬施入。

3. 叶面肥 每年喷5次以上，分别为盛花期、亮叶期、花芽分化期和采收前后。施肥浓度为尿素0.3%～0.5%，磷酸二氢钾0.3%～0.5%。

三、施肥方法

秋季果园要施一次基肥，具体的方法是：第一年在株距之间挖沟施肥，沟宽40厘米左右，沟深50～60厘米。第二年就应在行距之间挖沟施肥，方法和第一年相同。到了第三年将肥料均匀地撒在树盘表面，然后翻入土中，依次每年轮换操作。

夏季追肥可在梨树周围挖6～8个20～30厘米深坑，将肥料投入后，埋土灌水，或采用水肥一体化技术。

叶面追肥常在病虫害防治喷药时一并混入，也可单喷。

四、常见缺素症与矫正

（一）缺铁症

梨树缺铁可造成黄叶病。该病在山西省许多地区均有发现，严重影响树势和产量。多从新梢顶部嫩叶开始发病，初期先是叶肉失绿变黄，叶脉两侧仍保持绿色，叶片呈绿网状纹，较正常叶片小。随着病情加重，黄化程度愈加发展，致使全叶呈黄白色，叶片边缘开始产生褐色焦枯斑，严重者叶焦枯脱落，顶芽枯死。

在缺铁引起黄叶病的梨园，于初发病时喷施0.3%～0.5%的硫酸亚铁，3～5天复喷。

（二）缺锌症

梨树缺锌可导致发生小叶病。表现为春季发芽晚，叶片狭小，呈淡绿色。病枝条节间短，其上着生许多细小簇生叶片。由于病枝生长停滞，其下部往往又长出新枝，但仍表现节间短，叶色淡绿，叶片细小。病树花芽减少，花小、色淡，坐果率低，明显影响梨树的产量和果实品质。锌是合成生长素的必需元素。缺锌时游离的生长素明显减少，致使生长停滞。土壤中含锌量很少，当土壤呈碱性或含磷量较高并大量施用氮肥时，或者土壤中有机质和水分过少，其他微量元素不平衡，均易引起缺锌症。叶片中含锌量低于10～15毫克/千克即表现缺锌症状。

在缺锌引起小叶病的梨园，可在5～6月喷0.5%的硫酸锌。

（三）缺硼症

表现为在春季二、三年生枝条的阴面出现疱状突起，皮孔木栓化组织向外突出，用刀削除表皮可见零星褐色小点。严重时，芽鳞松散、呈半开张状态；叶小，叶原体干缩、不舒展；坐果率极低，新梢上的叶片色泽不正常，有红叶出现，中下部叶色虽正常，但主脉两侧凸凹不平；花芽从萌发到绽开期陆续干缩枯死，新梢仅有少数萌发或不萌发，形成秃枝、干枯；根系发黏，许多须根烂掉，只剩骨干根。果实近成熟期缺硼，果的个头小，畸形，有裂果现象，不堪食用。轻者果心维管束变褐，木栓化；严重者果肉变褐，木栓化，呈海绵状。未经霜冻前，新梢末端叶片呈红色。

在缺硼的梨园，抽芽前喷1%含硼药剂，盛花期喷0.1%～0.3%硼酸或0.25%～0.3%硼砂，可提高坐果率。

（四）缺素症的矫正

生产实践表明：每年对果树施入足够的绿肥或其他有机肥，不但可促进优质丰产，而且各种缺素症往往可以逐渐减轻或消失，这是因为各种绿肥作物均属完全肥料，除具有生物固氮作用外，还有深根聚肥和活化土壤中迟效性养分的作用，不但含有氮、磷、钾等大量元素，而且含有微量元素，如毛叶苕子，一年生枝叶盛花期干物质中还含钙1.57%、镁0.23%，每千克含铁229毫克、锰23毫克、铜9毫克、锌49毫克、硼23.1毫克；而小冠花枝叶中含钙2.43%、镁0.36%，每千克含铁241毫克、锰98毫克、铜6毫克、锌30毫克、硼37.3毫克（中国农业科学院郑州果树研究所，1984）。这些绿肥作物的营养成分在其分解、矿化后，可供果树吸收。解决缺素症除针对性的临时施用硫酸亚铁、螯合铁、硫酸锌、氯化钙外，在果园种植含铁、锌、钙元素较高的绿肥品种，对减缓果树缺素症无疑是最为经济有效的办法。

五、营养诊断和科学施肥

梨树从土壤中吸收的矿物质营养元素，包括氮、磷、钾、钙、镁、硼、铜、铁、锌、钼及钠、氯、硫等14种，但主要是前11种。在山西省梨产区因营养失调而导致缺素症等生理病害发生，以致影响产量和品质的实例很多。因此要做到科学施肥，经济有效地供给树体所需要的养分，必须要根据树体的营养状态和土壤状态进行分析研究和营养诊断。营养诊断是保证果树高产优质的必需手段。通常营养诊断要通过外形诊断、土壤分析诊断和植株营养诊断来实现。在进行植株营养诊断时常用叶分析法。

所谓叶分析，就是根据果树叶片内各种元素的含量来判断树体营养水平的方法。我们知道，进行果树施肥试验是比较困难的，因为气象条件、土壤条件、肥料种类及树种、品种、砧木、树龄、结果量等明显地影响树体的营养状况，要搞清楚果树的营养生理，正确判断果树的营养状况，从而进行合理施肥，与其他一、二年生作物比起来就要难得多。在梨园中，不仅可能发生像硼、铜、铁、锌、锰这些微量元素的缺素症，也可能发生氮、磷、钾、钙这些大量元素的缺素症。从盆栽试验和田间试验得知，当树体中这些成分的含量变化时，叶片中这些成分的含量最能敏感地反映出来。分析发生缺素症树的叶片时，其所含缺素含量也很低，但当通过施肥或叶面喷肥树体恢复正常后，叶片中这些成分也相应提高。所以，分析叶片成分，不仅可以诊断缺素症，判断树体营养水平，而且可以了解树体对肥料成分的吸收利用状态，诊断肥料成分的过量和不足。

通过叶分析来诊断果树营养是从 1939 年开始研究的，现在各国都在广泛应用。例如日本从 1945 年以后即对果树种类进行实地调查，做各种方式的肥料试验，从而明确了叶分析的基本问题，诸如采叶方法、采叶时期、叶成分的标准含量、各种成分缺乏时的症状及症状出现时叶片成分含量等。因各国情况不同，提出的标准也不相同，以下为日本、美国及中国一些单位提出的标准见表 5－1 至表 5－4。

表 5－1　日本梨叶分析标准含量（佐藤）

品种	采叶期	标准含量（干物中，%）		
		氮	磷	钾
二十世纪	7 月上旬至 8 月上旬	2.5	0.12～0.14	1.20～1.35

表 5－2　梨树发生缺素症时叶成分含量（Chapman）

成分	氮（%）	磷（%）	钾（%）	钙（%）	镁（%）	锰（毫克/千克）	铁（毫克/千克）
含量	<2.00	0.07	0.28～0.50	0.44	0.04～0.05	5.0～25.0	19.0～36.0

表 5-3 梨叶成分的三要素含量（以干物质计，河北农业大学）

单位：%

氮		磷		钾	
最低量	适量	最低量	适量	最低量	适量
0.8	2.3～3.3	0.07	0.1～0.24	0.4	0.8～2.44

表 5-4 梨树叶片内矿质元素含量标准值

氮（%）	磷（%）	钾（%）	钙（%）	镁（%）
2.0～2.4	0.12～0.25	1.0～2.0	1.0～2.5	0.25～0.80
铁（毫克/千克）	硼（毫克/千克）	锰（毫克/千克）	锌（毫克/千克）	铜（毫克/千克）
100	20～25	30～60	20～60	6～50

关于采叶时期，一般是在新梢停止生长，叶成分含量变化较小时期，梨在 6～8 月。确定标准时应选择发育良好而整齐的树 5～10 株，每次每树采叶 10 片，共 50～100 片，以树冠外围生长中庸的发育枝上的同龄成叶最好。而要进行诊断的树则要选择有代表性的树采集叶片进行分析。

叶分析是一种简便而可靠的营养诊断方法，是有其实用价值的。但是对叶分析取得数据的分析是比较复杂的，除了正常含量即基准不易确定外，还要注意各种因素的影响。如结果量的多少，生长势强弱，元素监督相互作用。决不可简单从事。

近来，人们为了更正确地了解树体营养，把叶分析与树体分析、果实分析、土壤分析结合起来，进行综合判断，从而找到最佳施肥方案。近代分析仪器的广泛使用，给叶分析的广泛正确应用，开辟了广阔前景。

目前，果树营养诊断采用的标准是单一元素的临界范围法。然而在应用临界范围法来指导施肥时，仍有许多实际困难，其原因在于叶片中元素的含量受到许多因素的影响而波动，如品种、叶龄和着生位置、土壤水分状况及管理措施等。为此，由皮费尔（Beau-fils）和沙恩奈（Sumner）创立的养分平衡诊断法（DRIS）引起重视。这种方法能诊断树体对营养元素的需要顺序，而且受诊断结果受品种、叶片部位等因素的影响小，诊断的准确性也比临界范围法高。这种综合诊断方法尽管还不能根据诊断结果确定施肥量，但可以告诉人们需要增施何种肥料，再结合临界值法、肥料效应方程，就可确定施肥量。

在营养诊断的基础上进行配方施肥，当前著名的施肥量公式为斯坦福（Stanford）公式：

$$施肥量=\frac{目标产量所需养分总量-土壤提供养分量}{肥料养分含量\times 肥料利用率}$$

六、有机肥代替化肥应用技术

2017 年 2 月 10 日，农业部印发《开展果菜茶有机肥替代化肥行动方案》，方案将苹果纳为重点作物，大力推广有机肥替代技术。现根据此方案精神，编制梨树有机肥替代技术模式，供梨树管理人员参考。

（一）有机肥＋配方肥

在畜禽养殖粪便等有机肥资源丰富的区域，可集中利用堆肥或购买商品有机肥，结合配方施肥技术，减少化肥用量。

秋施基肥：在 9 月中旬到 10 月中旬，对中晚熟品种采收后立即施肥。施用量：充分腐熟的农家肥如牛粪、羊粪、猪粪等，每亩用量为 5～10 米^3（5 000～10 000 千克）；豆饼、豆粕类每亩可用 200～300 千克，生物有机肥可用 300 千克以上；同时施入高氮磷梨树配方肥。

根据目标产量确定养分供应量后，在各生育期间按比例施入。

（二）果—沼—畜

果区与规模养殖场相配套，建立沼气设施，沼液、沼渣经过无害化处理后，结合配方肥施入梨园，减少化肥用量。

沼液、沼渣发酵技术：将畜禽粪便按 1∶10 的比例加水稀释，归集于多个沼气发酵池中，再按比例加入复合微生物菌剂，对畜禽粪便进行无害化处理，经过充分发酵后直接施入梨园。

施肥方式，同有机肥＋配方肥模式。

（三）有机肥＋生草＋配方肥＋水肥一体化

灌溉条件较好的产区，在增施有机肥的同时应用生草、配方肥和水肥一体化技术，提高水肥利用率。

梨园生草技术：可人工种植，也可在自然生草后人工管理。人工种草有多种选择，鸭毛草、三叶草、毛叶苕子等，播种时间可选择春季或秋季，注意土壤墒情要好，播后喷水，出苗后加强管理。自然生草可先任杂草自然生长，期间要拔除有害的杂草。无论何种草在其旺盛生长季节都要刈割 2～3 次，保留 10～20 厘米的茬，将割下的草覆盖于树盘。

秋施有机肥，在各生育期追肥采用水分一体化技术。

（四）有机肥＋覆草＋配方肥

干旱或无灌溉条件的产区，在增施有机肥的同时，应用覆草措施，可有效减少水分蒸发，起到保水防旱的作用，同时还可以保持土壤温度和根系环境的稳定，并显著提高土壤有机质含量，结合配方施肥技术，提高肥料利用效率。

果园覆草技术适用于山地、丘陵地、沙土地，在土层薄的地块效果明显。覆草前要整好树盘，浇一次水，施速效氮肥。覆草厚度以常年保持在 15～20 厘米为宜。覆盖材料因地制宜，作物秸秆、杂草、锯末、花生壳等均可采用。树干周围 20 厘米左右不覆草，以防积水影响根颈透气。冬季较寒冷地区深秋覆一次草，可保护根系安全越冬。覆草果园要注意防火，风大地区可零星在草上压土，防止覆草被风刮走。

施肥方式同有机肥＋配方肥模式。

第四节 水分管理

一、梨树需水规律

梨树对水分的需求量是比较大的，普通枝梢含水量占50%～70%，幼芽占60%～80%，果实占85%以上。而生产1千克梨果，则年需水量达160千克之多。在梨生长过程中，需水量最大的时期应该是果实迅速生长期，此时又是枝条的第二次旺长期，因此要特别注意此时期梨树对水肥的要求。在干旱的状况下，白天梨果收缩发生皱皮，如夜间能吸收水分补充，则可以恢复或增长。但久旱忽遇大雨，果实可恢复，接着会发生大量裂果，形成巨大损失。久旱、久雨都对梨树生长不利，在生产上要及时旱灌涝排，尽量避免土壤水分的剧烈变化。水对于常年干旱的山区梨园可以说比较缺，必须注意水的充分利用，尤其是雨水的利用，通过地面覆盖等措施节水，充分利用现有水资源和雨水，使用水得到保证，越冬的时候一定要灌溉越冬水，因为冬季萌芽前特别干旱。如果冬季降雪量比较大，春季也可以免灌溉，因为水量如果太大，幼芽生长太快的话果形就会变得不太平整，所以应注意，玉露香梨对水的要求前期并不大，土壤不太干旱的话可以少浇水。再一个是果实膨大期，夏季如果长期高温干旱的话应该及时灌水并追肥。

二、灌溉时期

土壤水分在田间最大持水量的60%～80%时，最适合梨树的生长发育。灌水要根据梨树的生长规律、土壤含水量、天气情况及树体的具体表现进行。在幼树时期，适度的缺水可促进根系深扎，抑制枝叶生长，减少剪枝量，并使果树尽早进入花芽分化阶段，使果树早结果，并可提高果品的含糖量及品质。

1. 萌芽开花前 山西常年容易出现春旱，为保证萌芽和开花的需求，要进行第一次灌水。但要注意，在开花期，如水分过多，常引起落花落果。

2. 新梢旺长期（5～7 月） 此期水分供应不足，则新梢生长缓慢，影响花芽分化，甚至早期停止生长。

3. 果实迅速膨大期（6～8 月） 此期需有足够的水分满足果实膨大，但过多易引起后期落果或造成裂果，还易引起病害发生。

4. 果实采摘后（8 月上中旬） 此期灌水可迅速补充结果对树体造成的大量水分消耗，促进营养物质的积累和转化，为下一年结果做好准备。

5. 封冻水（11 月中下旬） 在土壤封冻前，全园灌一次水，可保护根系不受冻害。

三、灌溉方法

由于水资源日益缺乏，梨树灌溉在抛弃传统的大水漫灌方式后，出现许多新的节水灌溉方式。和传统灌溉方式相比，这些方式不仅省水省工，而且有益于根系生长发育。

（一）沟灌

沟灌是在梨树行间距主干 40～50 厘米至树冠外围开一条深 20 厘米左右的灌溉沟进行灌溉的一种方式。灌水时只在沟内进行，灌溉沟的位置可结合秋季施肥和深翻时逐年轮换，4～5 年轮换一遍，再从头开始，可节水 50％。在成年梨园内也可在两行树中间开一条20～30 厘米宽、30 厘米深的沟，沟上覆膜，通过此沟对树体进行供水。

（二）喷灌

喷灌是利用机械和动力设备，使水通过射程较大的喷头（或喷嘴）射至空中，以雨滴状态进行喷洒的灌溉方式。喷灌设备由进水管、抽水机、输水管、配水管和喷头等部分组成，可以是固定的或移动的，喷头也可以根据喷灌强度大小进行选择。这种灌溉方式具有节省水量，不破坏土地结构、调整地面气候且不受地形限制等优点，是现代化的节水高效灌溉技术。

（三）滴灌

滴灌是通过管道系统和滴头将水缓慢、均匀、准确地直接输送到根部附近土壤的灌溉方式。具有省水、省工等优点；缺点是灌溉的投入高，滴头容易堵塞。滴管技术有两种方式：一是采用环管地表滴管，可根据树体大小确定环管的直径，将滴管带布置在根系集中分布区，比传统直管滴管的水分利用率更高；二是采用膜下滴管，即在梨树树盘内铺设滴管，然后再覆盖地膜，可有效地减少地面水分蒸发损耗，提高水分利用率。膜下滴灌的平均用水量是传统用水量的1/8，是喷灌用水量的1/2，是露地滴灌用水量的70%。

（四）微喷灌

微喷灌是一种新的局部灌溉技术，它结合了普通喷灌和滴灌的某些优点，改进了普通喷灌和滴灌的某些缺点，更能很好地发挥灌溉作用。它是利用微喷灌组织设备建立微喷灌系统进行作业，其喷头不易堵塞，一旦微喷嘴堵塞也容易发现和处理，且具有耗能低、省水的特点。比普通喷灌又省水20%～30%，可以使土壤通气性好，不板结，给果树根系生长创造良好的环境条件。

（五）小管出流

小管出流是一种新型的具有广泛应用前景的节水灌溉方式。采用4毫米毛管代替滴头和喷头，出水断面大，抗堵塞能力强，对水质要求低，工作压力小，适用范围广，小管出流比地面灌溉节水60%，比喷灌省水15%～25%。

四、水肥一体化技术

梨园水肥一体化技术，实际是应用了集配方施肥和高效灌溉优势于一体的技术。水肥一体化技术借助田间灌溉系统，把测土配方施肥制定的施肥方案，通过可溶性固体肥料或液体肥料配兑成肥液，根据实时监测的梨园土壤墒情状况，与灌溉水一起输送到梨树根部，为其生长提供所需的养分，实现了水和肥的同步施用，充分发挥了水肥的协同效应。

水肥一体化系统由水源、首部枢纽、输配水管网和灌水器四部分组成。河流、池塘、水库、井水等都能作为灌溉水源，通过首部枢纽中的过滤设备和配方肥集合，肥水借助压力系统沿着铺设在梨园中的水管网道输送到灌水器，在梨树根区进行灌溉。

相对于传统施肥，水肥一体化的突出优势在于有可控制的灌溉系统。管理人员按照树体营养所需要配好肥液，通过给土壤“点滴输液”的形式，随时、随量给树体供水供肥，方便高效。使用该技术的一个重要原则是少量多次施肥。既不会因缺乏营养而生长发育受限制，又不会施肥过量使土壤养分富集而导致周边杂草过快生长。通过水肥一体化技术可以大大减轻田间劳动强度，解放劳动力。

在应用测土配方施肥和自动灌溉的基础上可建立“智能农田管理系统”。该系统由土壤传感器、水泵过滤系统、张力计、无线网络传输设备及手机和电脑终端组成。其中张力计负责收集果园空气的湿度、温度、土壤的温度和含水量，以及光照、风向等环境数据，由土壤传感器通过无线网络传输至数据库，计算机程序自动判断是否缺水，如果缺水就向水泵阀门发出指令，实现自动灌溉。而同样的数据也会上传到管理人员的电脑和手机终端，管理人员通过终端可以随时在远程发出指令，开启水阀灌溉。

随着农业“互联网＋”的发展，水肥一体化技术可以与大数据、云计算等现代信息技术联姻，让其变得更加智能和可控，实现更加科学的水肥管理。

据水利部门测算，山西人均水资源占用量仅相当于全国人均水资源量的20％左右，耕地亩均水资源量仅为全国耕地亩均水资源量的9.3％，是全国严重缺水省份之一。水资源主要补给来源是自然降水，山西省而大部分地区年降水量仅 400～650 毫米，同时降水的时空分布极不适应梨树生长需求，常常春旱秋涝，在春季果树对水分供应的敏感期，常出现严重缺水。通过水肥一体化的节水灌溉技术，可大大缓解梨树生长和水资源不足的矛盾。

五、旱地梨园管理要点

（一）整修树盘

山西省多山地丘陵，旱地果园多在坡地上，如在幼苗栽植前修成水平梯田最好。如来不及整修，也必须在苗木栽培后，逐年整修好水平树盘，以接受降水，保证雨水不出地。

（二）深翻土壤

深翻树盘可加深根系分布层，使根向土壤深处发展，减少上浮根，提高抗旱能力和吸收能力，对复壮树势，提高产量和质量有显著效果。土壤深翻以落叶前后进行为宜，深翻沟宽 50～60 厘米，深 60～80 厘米。深翻结合施基肥效果更好。耕翻后不耙以利于土壤风化和冬季积雪，并有利于防治越冬害虫。在深翻基础上进行耕耙，使全园土壤疏松，空隙度增大，蓄水保墒、抗旱能力增强，通气状况良好，有机养分分解迅速，养分供应及时，使全部吸收根充分发挥作用。

（三）树盘覆草

树盘覆草是在深翻的基础上保持平稳地力的必要措施。树盘覆草可以取得增加土壤有机质、保肥保水、调节土温、灭草免耕、增产提质的良好效果。覆草来源可也可采用果园生草，或刈割园内外杂草或大田农作物秸秆。

（四）穴储肥水

将作物秸秆或杂草捆成直径 15～25 厘米、长 30～35 厘米的草把，放在水中或5%～10%的尿液中浸透；在梨树根系集中分布区域挖4～8个比草把稍大的穴坑，将草把放入，填土掩埋，当埋至一半时，在草把周围撒施50～100克过磷酸钙，继续埋土至草把顶部，施尿素50～100克，再覆一层土；然后整理树盘，使营养穴低于地面1～2厘米，形成盘子状，浇水3～5千克/穴，即可覆膜；将旧农膜裁开拉平，盖在树盘上，且一定要把营养穴盖在膜下，四周及中间用土压实，每株盖4～6米^2。在穴中心上方穿一小孔，以便以后施肥浇水或承接雨水，并在小孔上压一小石块，宜防水分蒸发。一般年份每年施肥4次，每次每穴50～100克尿素，旱季可每7～10天浇水一次，秋季每15天浇水一次。

第六章 整形修剪

第一节　整形修剪的意义

整形修剪是梨树栽培管理中的一项重要技术措施。广义讲，整形是根据梨树的生长结果特性、生长发育规律，结合自然条件、栽培制度和其他管理技术，通过修剪使树冠具备有利于结果的一定形状，有牢固的骨架，合理的结构，为丰产打好基础，为经济利用空间、合理密植提供有利条件。

修剪是在整形的基础上，继续培养和维持丰产树形，根据树的生长、结果的需要，用以改善光照条件，调节营养分配，转化枝类组成，促进或控制生长与结果，达到丰产优质的目的。依靠修剪才能达到整形的目的，而修剪又是在确定一定树形的基础上进行的。所以，整形和修剪是不可分割的一套技术措施。目的是使梨树高产、优质、稳产、树体健壮和长寿，从而获得长期稳定的高效益。

梨树的整形修剪，是以不同品种的生物学特性为基础，依照环境条件和肥水综合管理及病虫综合防治而经常调整的技术措施，所以，整形修剪，必须与土、肥、水等综合管理和病虫害综合防治相配合，才能充分发挥其增产作用。

整形修剪是梨树栽培管理中必不可少的技术措施，也是其他技术措施所不可代替的，但绝不是万能的、唯一的，必须正确对待和精细运用。既不可片面强调整形修剪的作用，过分强调树形，为修剪而修剪，忽视其他栽培措施，也不可忽视整形修剪技术，不充分发挥整形修剪的作用，或者把整形修剪和其他技术措施对立起来，如果这样，很可能会导致幼树结果晚，大树产量低、质量差和经济寿命短等不良后果，背离早果、优质、丰产、高效益的目标。

梨树如不加整形修剪，任其自然生长，则往往树冠郁闭，枝条紊乱，树冠内通风透光不良，从而导致病虫滋生，树势衰老快，产量减低，品质下降。而合理的整形修剪，则可充分利用日光，调节营养物质的制造、积累及分配，调节生长与结果的平衡关系。

（一）可促早结果

整形修剪可以促进局部生长和削弱整体生长。幼树修剪后，由于减少了枝芽数量，使留下的枝芽相对地得到更多的贮藏养分；可促进花芽分化，较早进入结果期。但是也由于修剪暂时破坏了地上和地下部分的平衡关系，使水分和矿物养分的供应得到改善，使局部枝芽的营养水平有所提高，如果短截重，局部促进了剪口芽的养分吸收，增强了局部枝芽的生长势。修剪的轻重关系到结果早晚。

幼树重剪会导致枝条含氮量增加，糖含量减少，造成旺长，不利花芽的形成，因而延迟结果。实践中为使幼树早结果、早丰产，冬季除骨干枝短剪外，修剪宜轻，配合夏季修剪措施，以促进营养积累，多形成花芽。这就是对幼树整形修剪时，多采用“轻剪、长放、密留枝”原则的原因。

另一方面，如果剪去大量枝芽，使全树的枝叶面积减少，光合作用制造的营养物质总量减少，使地上部和地下部的生长受到一定程度的抑制，因而会使树体的总生长量减弱。

在修剪实践中，常利用局部促进的原理，如适当重剪，来培养幼树的骨干枝和衰老树更新复壮，疏去部分花芽，提高果实品质。

（二）可促进多结果

整形修剪调控生长与结果的矛盾，改善调节树体营养物质的分配及运输。树体内营养物质的分配、运输和利用直接关系到产量的高低。通过修剪可以控制和调节营养物质的分配和利用，从而调节生长和结果的关系。

夏季修剪对枝条内营养物质变化有明显作用，可有效地控制生长，促进养分积累。如拿枝软化、拉枝弯枝、拐弯换头、环刻伤枝等措施，使养分输送不通畅，阻碍养分和水分的运输，使之改变流向，使局部的营养状况暂时得到改善，从而可以缓和生长势，促进花芽分化，有利于结果。

进入结果期的梨树，不同枝条分别担负着生长或结果的任务。果实生长需要一定的叶面积为其提供养分，只有形成一定数量枝叶后，才能制造足够的营养物质，有利于形成花芽，开花结果。所以生长是结果的基础。但生长过旺，消耗大于积累，则因营养不足而影响花芽形成，又不利于结果。

由于修剪对局部生长势有增强作用，因此，对幼年树应采取较轻的修剪措施，多留枝条，促进其健壮生长，迅速扩大树冠，增加优质的枝叶数量和枝级次，为大量结果奠定基础。同时可利用枝条之间的相对独立性，开张角度，采取夏剪等措施，导向结果方面转化。以达到扩大树冠，较早进入结果期，边扩大树冠边增加产量的目的。反之，如重剪或生长过旺，不利于结果。

盛果期树，结果过多，则消耗大量营养，生长受到抑制，树体因营养亏损而逐渐衰弱，易出现大小年现象。通过修剪能有效地调节花芽和叶芽的比例，使结果和生长适当平衡；改善光照条件；适当更新表现衰弱的大枝头及结果枝组，延长盛果期。对大年树要疏除过多的细弱短果枝，短剪部分中、长果枝，提高叶枝比例，其中有的当年又可形成花芽，以增加小年花量。

对逐渐衰老的树，通过增加肥水，结合修剪，对主、侧枝及结果枝组及早更新复壮，利用徒长枝培养结果枝组，减少结果量，使树体内营养和水分状况得到改善，促进营养生长，推迟衰老，延长结果年限。

（三）可促进结好果

梨树是喜光树种，整形修剪改善光照条件，提高光合效能，对梨树的生长结果都是极为重要的，而整形修剪是使树体能充分合理利用光能的重要手段之一。

自然生长的树到成年后，一般树冠外部枝条光照充足，光能利用率高，枝条健壮，结果较多。而树冠内部的光照较少，枝条生长不良，开花结果均少。通过修剪合理地开张角度，适当减少骨干枝，减少枝条密度及改变枝条生长方向，限制树高和叶幕厚度，造成一个上稀下密、外稀内密的合理树形，使树冠各部分都具有较好的光照条件，从而使枝条生长健壮，叶片大，叶厚、色深，提高叶片的光合效率，以促进花芽分化，提高坐果率，提高产量和改善品质。

通过整形修剪，改善了通风透光条件，形成不利于病虫滋生的环境条件。经常性地剪除病虫害枝条，减少了病虫害的来源，合理的树体结构使喷洒药剂时容易均匀周到，减轻了病虫危害。

（四）便于田间作业

通过整形修剪，还可以使树形趋于矮化，便于采收、喷洒药剂防治及其他作业，便于逐步实行各项田间管理机械化。

第二节　梨树与整形修剪有关的生物学特性

（一）梨树干性强

梨树有较强旺的中央领导枝，层性明显，所以，通常梨树多选择有中心干的树形。在整形修剪时要注意控制中心枝的生长，促进主枝的生长，基部可培养多个主枝。

（二）梨树顶端优势强

所谓顶端优势是指直立或稍倾斜的枝条顶端及上部的芽因获取养分较多，容易抽生较强旺的枝条，而同一枝条的芽则向下依次减弱，或不能萌发，或仅可抽生中枝、短枝。同样的枝条，直立枝的生长势就强于斜生枝，斜生枝强于水平枝，水平枝强于下垂枝。这种现象被称为顶端优势。枝条越直立，顶端优势越明显。在果树整形修剪中，常利用顶端优势特性来改变树体或枝条生长势，如抬高枝芽的空间位置，利用优势部位的壮枝壮芽，可以增强树体或枝条的生长势。同样，采取压低枝条或芽的空间位置，则可以减弱缓和其生长势。梨树的顶端优势较其他果树如苹果强，在整形修剪中掌握顶端优势的反应规律，熟练地应用控制和利用顶端优势，对于调整树势作用很重要。

（三）梨树枝条萌芽率高而成枝率低

成枝率因品种、树龄不同而差异较大，一般幼树比成龄树成枝率低，从而培养树形时可供选择枝条较少，往往难以按主观随意培养骨架结构。因此在幼树期间应适度增加短剪量，以增加枝量，利于早成形，扩大树冠。要少疏剪，尽量利用一切枝条。萌芽力强有利于形成花芽，早结果、早丰产。

（四）梨树以短果枝结果为主

梨树因枝条萌芽率高而成枝率低，随树龄增大，短枝比例将逐年增大，短果枝比较也随之增大。有些品种有腋花芽结果习性。因品种、树龄不同，各类枝比例不同。在整形修剪过程中，一般通过拉枝等措施先促生短枝，后促成花芽。

（五）梨花芽为混合芽

梨花芽为混合芽，与苹果不同之处是边花先开，边花坐果率较高。果台枝大部为短枝，个别品种为中、长枝。果台枝连续结果的能力因品种而异。果台枝上连年分生短枝后，能形成短果枝群。梨树短果枝群结果能力强，是主要的结果部位。

（六）梨潜伏芽不易萌发

梨的潜伏芽寿命长但不易萌发，多年生枝局部回缩也不易发枝，在衰老树更新时，如局部更新，可采用嫁接方式插枝补空，延长结果年限。如全树整体更新，受到强烈刺激，方可促使潜伏芽萌发，抽生大量新枝。

第三节　整形修剪的依据

（一）依据梨树的生物学特性及品种特性

整形修剪选择树形首先要了解梨树的生物学特性，在此基础上了解各品种之间的差异，采用砧木的特性及本园的栽培制度来决定整形修剪的方向。如果忽视不同品种间微小差异，不能采用相应的对策，则很难达到预期的目标。

（二）依据树体结构

依照既定的树形，看骨干枝及结果枝组的分布位置、数量及生长势是否到位，是否平衡和协调。如配置不当，会出现主从不清、枝条紊乱、重叠拥挤，以致通风透光不佳，花芽形成不良，幼树不能正常进入结果期，结果期树形达不到丰产优质。

（三）依据树龄和树势

梨树为多年生果树，寿命长，不同年龄阶段，生长势不同，管理目标不同。幼树生长势旺盛，栽培目标是尽早培养骨干枝成形，多利用辅养枝培养结果枝组，以扩大树冠为主，适量结果。到结果期，树冠基本达到预定大小，要协调好生长与结果的矛盾，以高产、稳产、优质为目标。到衰老更新期，树势变弱，栽培的目标是更新复壮，恢复树势，尽量延长结果年限。

（四）依据结果枝和花芽数量

花芽的数量和质量是反应树体营养状况的重要标志。营养枝粗壮，花芽多，肥大饱满，鳞片光亮，着生角度大而突出，说明树体健壮，可适度多留花芽；相反，如果枝梢瘦弱，花芽瘦小，说明树体衰弱，修剪时应根据当地管理水平，调整花芽留量，适度多留营养枝，以促进树体健壮，先保证当年梨果质量，为来年高产、稳产打好基础。

（五）依据不同环境条件和栽培水平

不同的自然条件和栽培技术水平对树体会产生不同的影响。因此，整形修剪时应考虑当地气候、土肥水条件等基本情况。一般来讲，在地势平坦、土层深厚肥沃、多雨高温、肥水充足的地方，树势生长旺盛，枝多冠大，对修剪反应比较敏感，因此宜采用大型树冠，定干要适当高些，主枝适当少些，层间距适当大些，修剪量适当轻些，多拉枝，少短截。反之，在无霜期、寒冷干旱、土壤瘠薄、肥水不足的山地、沙滩或地下水位高的地方，树势生长较弱，对修剪反应敏感性差，修剪时宜采用小型树冠，定干低些，层间距小些，修剪量稍重一些，多短截，少疏剪。

第四节　整形修剪的技术和效果

梨树修剪时期分为冬季修剪和夏季修剪。冬季树体内大部分养分已被送到树干和根部贮藏起来。修剪损失养分少。通常使用短截、疏枝、缩剪、甩放拉枝等方法。夏季树体营养生长旺盛，可调节养分的分配运转，促进花芽分化。修剪使用的方法有开张角度、抹芽、除萌、疏枝、刻伤、弯枝等。

一、冬季整形修剪技术

冬季修剪技术概括起来可分为短截、疏枝、缩剪、甩放、伤枝、曲枝 6 个基本方法。

（一）短截

短截或称短剪，是对一年生枝而言，剪去一年生枝的一部分称为短剪。短剪能刺激剪口下侧芽萌发，以剪口下第一芽受到刺激最大，距剪口越远的芽受刺激作用越小，具体反应随短截程度不同而异。

（1）轻短截。仅剪去枝条的少部分，截后易形成较多的中、短枝，尤其是短枝发生较多，是促生花芽的一种方法。

（2）中短截。在枝条中上部饱满芽处短截，剪后易形成中、长枝，是促生枝条和骨干枝延长枝修剪的方法。

（3）重短截。在枝条中下部的短剪，剪后剪口下易抽生1～2个旺枝，生长势较强。

短截的局部刺激作用受剪口芽的质量、树本身的发枝能力和枝条所处位置（直立、水平、下垂）等因素的影响。剪口下芽饱满，抽生枝条生长势壮，反之，则弱。梨树一般成枝力弱，可适当增加短截枝数量以增加枝量。自立枝处于生长优势地位，短剪易抽生强旺枝；平斜、下垂枝的反应则较弱。对骨干枝连续多年做短剪，由于形成发育枝较多，促进母枝发育，能培养成比较牢固的骨架。短剪不利于花芽形成。梨新梢生长期短，一般没有二次生长，中上部全为饱满芽，骨架枝延长头通常在中上部短剪。冬季寒冷地区，或过早修剪，为防剪口芽受冻，可在芽上半厘米处剪截。

（二）疏枝

即把枝条从基部剪除。疏枝造成的伤口，对营养物质输导起阻碍作用，而伤口以下的枝条得到根部的供应相对增加。所以疏枝对剪口上部枝条生长有削弱作用，距剪口越近，削弱作用就越大，而对剪口下部枝条的生长有一定程度的促进作用。疏枝时由于疏除了树冠中的枯死枝、病虫枝、交叉枝、重叠枝、徒长枝、过密枝等无保留价值的枝条，节省营养，改善通风透光条件，增强光合作用能力，有利花芽形成。对强枝进行疏剪，减少枝量，可以调节枝条间的平衡关系。大年疏剪果枝，调节生长与结果关系，有利于防止大小年。疏除大枝时，要分年逐步疏除，切忌一次疏除过多，造成大量伤口，特别是不要形成“对口伤”，以免过分削弱树势及枝条生长势。疏枝要从基部疏除，但伤口面积小，易于愈合。如剪留过长，形成残桩不易愈合，并能引起腐烂，或引起潜伏芽发出大量徒长枝。

（三）缩剪

缩剪是指将多年生枝短截到分枝处的剪法。缩剪能缩短枝条长度，减少枝芽量及母枝总生长量。但由于缩短了地上部和根部的距离，便于水分、养分运输，养分又比较集中，所以能促进后部枝条生长和潜伏芽的萌发，利于更新复壮。

（四）甩放

甩放又称缓放、长放，对一年生枝不剪为甩放，与短截比较，甩放有缓和生长势和减低成枝力的作用。长枝甩放后枝条的增粗现象特别明显，而且发生中、短枝的数量多。平斜、下垂生长中庸的枝一般甩放促生花芽效果很好。甩放成花后应及时回缩，否则枝条单轴延伸，结果部位容易外移，枝组容易衰老；而且坐果能力降低，负载力减小。

（五）伤枝

凡能对枝条造成破伤的，削弱顶端生长势而促进下部萌发或促进花芽形成，提高坐果率和有利于果实生长的方法均属此类，如刻伤、拧枝、拿枝软化等。春季发芽前，在枝或芽的上方或下方，用刀横割皮层深达木质部而成半月形，称为刻伤或目伤。刻伤的位置不同，其作用也不同。在枝芽上方刻伤，能阻碍从下部来的水分和养分向上运输，而使刻伤处下部芽或枝得到较多的水分和养分，利于芽的萌发并形成较好的枝条。反之，在枝芽下部刻伤，就会抑制枝芽的生长，促进花芽形成和枝条成熟。幼树枝条少，培养主枝难，可在需要生枝的部位芽的上方进行刻伤刺激芽萌发，以补空间。拧枝、拿枝软化是破坏了输导组织，控制营养运输，可缓和枝条生长势，促进分生短枝和花芽分化。

（六）曲枝

将直立或角度小的枝条，采用拉、别、盘、压等方法使其改变为水平或下垂方向的措施称为曲枝。曲枝能改变枝条的顶端优势，在一定程度上限制了水分、养分的流动方向，缓和枝条的生长势力，使顶端生长量减少，相对地增加了枝条后部的优势，使下部短枝增多，既有利于营养积累，又可改善光照状况，能促进花芽分化，尤其是幼树期间，曲枝是成花的最好措施。

二、夏季整形修剪技术

夏季修剪是冬季夏季的补充和辅助措施，其作用主要是调节水分和养分的运输分配，促生花芽，尤其是对促进幼树旺树结果有独特的作用，其作用是冬季修剪所做不到的。

在生长季节的夏剪统称为夏季修剪，最好的时间是 5～6 月。南部地区可在 5 月中下旬进行，北部地区可在 6 月上中旬进行。

（一）开张角度

由于梨树木质脆而硬，在冬季开张角度较困难，夏季树液流动，枝条韧软，开张角度容易，不易劈裂。

骨干枝的开张可用拉、撑等方法，较粗大的骨干枝用铁丝或麻绳拉开固定于地下，不太粗的壮枝可用木棒撑开。对生长较旺的辅养枝角度可开张的大些。梨树生长直立，一般大型枝都需人工开张，但骨干枝角度不宜开张过大。在稀植园情况下，骨干枝开张到50°～60°；在密植园情况下，小冠形树骨干可开张到 70°或近于水平。

（二）除萌

冬季修剪时的剪锯口发生的萌芽徒长枝一般要去除但对更新复壮后萌生的枝条要选其空间留用。对树干或大枝内膛，隐芽萌生的枝条，有空间的可留用，无空间时一律去掉。对冬季修剪弯枝后背上萌发的直立旺枝也要疏除。除萌可减少养分消耗，使养分相对集中分配使用，有利于花芽形成和果实生长。

（三）刻伤

幼树枝量少时，选其空间部位的弱枝或短枝，在其上方刻伤，促使发生壮枝。缺少骨架枝或者骨架枝太弱时，也可在其上方刻伤，促使其生长强壮。对生长过旺需要控制的枝可在基部刻伤两道，或者在枝条的下方刻伤，可控制生长势，促生花芽。

（四）拿枝软化

对生长较旺的枝，要使其形成花芽，可通过拿枝软化抑制生长势，从而发生短枝或花芽。

（五）弯枝

或称曲枝。生长直立枝、强旺枝、有利用价值的徒长枝，弯曲或拉平后改变其生长方向，消除顶端优势，能缓和生长势，促发短枝。弯枝是夏季修剪的一个主要手段，再直立强旺的枝，只要拉平便可发生短枝。幼树、旺树要早结果、早丰产，夏季修剪非常重要。

三、玉露香梨品种的促花技术

近年来，梨树栽培方式已由大冠稀植改为小冠密植，为追求早期产量，有向超密植发展趋势，为此，梨树的促花技术也越来越受关注。密植梨树在成形期有很强的贪长习性，即树势强健，营养生长很旺盛。若任其自然生长，则不易形成花芽，结果量少。结果过少，起不到抑制营养生长的作用，而且会造成树势过旺，以致全园郁闭，达不到密植丰产的效果。玉露香梨幼树这方面的特性更为突出，干性强、生长势旺、成枝力弱，因此，当幼树还处在贪长时期便要及时采取成花措施，使其形成适量的花芽，为密植丰产创造合理的群体结构。

密植玉露香梨幼树的成花技术是一项综合措施，还需要根据数龄、树势、枝类的不同，灵活运用。

（一）刻芽促枝

针对玉露香梨干性强、长势旺、成枝力弱的特性，在幼树栽植当年就要在地面50～80厘米范围内，除了顶上的3个芽外，要进行刻芽，促进侧芽萌发，多形成枝条。如果不进行刻芽，任其自然生长，当年萌发枝条少，顶端第一芽形成延长枝条生长强健，形成一条又长又粗的新梢，以后下面就会很少有芽萌发形成较粗新梢，很难培养理想的树形。

刻芽的时机要掌握好，对冬春栽下的树苗要萌芽前进行操作，以越接近萌芽的时间刻芽越好，如果过早，枝条丧失水分会影响芽的萌发率，刻芽过晚，则萌发新梢生长弱，效果也不好。一般在看见树体的芽即将萌动的时候刻3～4个芽就可以。当年促发形成新梢，而且使顶端的新梢长势缓和下来。

刻芽的工具可用小钢锯条，在计划要刻芽的上方0.5～1厘米处水平轻拉，要划破韧皮部，浅伤木质部。

（二）冬季修剪多留长放

冬季修剪时多留长放是促进幼树成花的一项主要技术措施，其他各项成花技术只有在这一基础上才能发挥其较大的作用，由于多留枝增加了叶面积，提高了光合能力，为形成花芽提供了不可缺少的碳素来源。对一年生枝实行长放，缓和了顶端优势，缩短了新梢生长期，同时增加了易于形成花芽的短枝比例，为形成花芽创造了必要的条件。

这里注意，多留是要少疏枝，长放是要少短截。短截过多，会诱发过多的当年生新梢，而使短枝形成少。梨树短枝是形成结果枝和结果枝组的基础。

（三）夏季修剪调整枝条角度

以玉露香梨品种为代表的梨树多数品种的枝条具有很强的直

立生长习性，由于枝条直立生长而使树体过高，角度不开张，加之直立枝生长势强，从而造成树势强旺生长，不能提早结果。而且，直立生长的枝组易呈现上强下弱的现象，形成上部生长过旺不能结果，下部光照不足而结果很少，甚至造成下部的结果枝组提早衰亡。

为实现早果丰产，除要把树冠控制在一定高度（一般要控制在3～3.5米）外，同时必须及时调整枝条的角度，减弱顶端的生长优势，促进花芽形成，同时控制树体高度，充分利用光照。

调整枝条角度的时间，一定要在顶梢停止生长时（7月）进行。如角度开张过早，则新梢顶端仍要继续延长生长，使枝条前段直立，从而达不到预期的结果；开张过晚，也会由于生长期短，使开张的角度得不到固定。

枝条开张角度主要是采用支、拉、绑的方法。角度开张程度以与主干夹角呈60°～90°不等，要依据枝条的用途来定。计划培养骨干枝的枝条角度可在60°～70°，而计划培养结果枝组的要在80°～90°。随树形不同，要求各类枝条培养要有变化。一般讲，越是密植的树，树冠越小，枝条的角度越大。

对基角小于30°的枝条，通常是树高达到理想高度时，顶端旺盛直立的枝条可向其生长部位的相反方向绑缚，使之成一反弓弯，以减少劈裂，增加负载力。在绑反弓弯时要注意弯部尽量接近着生的枝干，防止弯成大肚形而使弯处再冒条。绑缚2个月左右，当枝条角度已固定要及时解缚，以防将绳索长入枝内。再绑缚时弯部有轻微伤痕，可起到部分截流作用，同时由于角度大，使营养在全枝分配较为均匀，有利花芽形成。

（四）环切与环剥

环切与环剥是在成花前通过对树体的暂时截流，使成花部位获得较为充足的成花物质，而实行的一种临时措施。因梨树芽萌发力强，短枝形成容易，一般不多用环切或环剥技术。但在幼树成形前后，因枝条多留长放，使树势生长过旺，反而影响了结果枝的形成发育时，可适当地采用。通过环切或环剥，有限度地抑制生长，从而促进花芽形成，随着剥口与刻口的愈合，截流作用减弱并消失，已初步形成的花芽，进一步发育完全，全树正常的营养交换得到恢复，这就为下一年成花结果准备了必要条件。因此，环切和环剥只适用于树势强壮的幼树。树势衰弱的幼树切不可用。

环切与环剥的时间，应掌握在成花前进行，通常是在落花后15～30天进行。树体成形后，为了适当延长枝叶的生长期，在树势生长健壮的同时少量形成花芽，也可将环刻时间适当推迟一些。

一般直径2厘米以下枝组用环刻法，较粗的枝组可用环剥法。

环剥的位置在需要成花枝组的基部进行，环剥工具用刀刃锋利的芽接刀或特制的环剥刀。环剥宽度一般应等于剥口处韧皮的厚度，过宽则不易愈合甚至造成枝组枯死。最好用纸条粘封剥口，加以保护，以防止害虫侵入。

使用刀刃较厚的刀具进行环切效果较好，方法是于枝组基部刻伤两圈，两圈的距离为2厘米。环切时必须刻至木质部。这种方法简便易行，工效较高，成花效果好，同时不易造成环剥所出现的瘤状伤痕，减少枝条的折伤和害虫侵扰。梨树多采用此法。

要注意，在主干上进行环剥应持十分慎重态度。因为这种方法对全树的生长抑制作用较大，除全园已近郁闭，生长仍很旺盛又不能结果的梨园可短期使用外，一般不采用此方法。

第五节　常用树形

树形选择要与栽培制度，也就是与栽植的株行距相配合，不同株行距要选择不同的树形，目前，生产中总趋势是树形有由大冠形向小冠形发展。但在梨树的整个生产过程中，树形也不是一成不变的，为追求早期产量，单位面积内的栽植株数增加，树形要以小冠形整形，但随着树龄增加，树冠增大，株行距随之变化，树形也必须随之变化，树形处理应处于一个不断变化的状态中。

一、Y形二主枝开心形

（一）结构特点

树高2～2.5米，主干高70厘米，南北行向，2个主枝分别伸向正东和正西，呈正Y形，也可向东南和西北方向，呈斜式Y字形。主枝腰角70°，大量结果时达80°。适合应用于株距1～1.5米、行距3～3.5米高密度栽培的梨园宜采用。

（二）两大主枝的培养

第一年：该树形要求栽大苗、壮苗，苗高1.5米以上，苗木基部直径1厘米以上。直立栽植，不定干，发芽后距地面70厘米，按腰角70°拉向正东或东南方向，并在弯曲处选1个壮芽，在芽上刻伤或在芽上涂抹发枝素，促发直立枝。

第二年：春季将刻伤发出的直立强旺枝拉向正西或西北方向，与地面成70°角，作为第二主枝。其余强枝一律拉平，轻剪缓放。两大主枝上的直立芽在萌发后抹除。主枝延长枝一般不短截，如树势较弱，可轻度短截。相邻植株间是平行状态。冬季修剪主要是疏除直立枝和过旺枝，保持两大主枝的生长势。树体基本成形。

第三年：对除结果枝外的其余长枝全部拉平。夏季根据生长势适当地在主干上进行环剥，防止树势上强，促进成花。

（三）结果枝组的配置

主枝上着生中、小型枝组，而以小型枝组为多。小型结果枝组多用先放后缩法培养，即一年生枝缓放，形成短枝结果后在分枝处回缩。中型结果枝组则用先截后放再回缩方式培养。枝组间以互不交叉、不重叠为度，每主枝上配置小型枝12～14个。要注意对枝组的调整，当侧生枝组少时，可把较直立的枝组下压和下垂枝组上抬，增补侧生枝组；下垂枝组少时，可将侧生枝组下压，增补下垂枝组，枝组以回缩法更新。盛果期树枝组内用“三套枝”修剪法，即当年结果枝、花芽枝、生长枝各占1/3，以连年结果。

二、细长圆柱形

（一）结构特点

树高2.5～3米，干高50～60厘米，冠径1～1.5米；中心干上均匀分布大、中、小相近的结果枝组。一般较大的结果枝组为12～15个。

（二）整形过程

1. 栽植当年整形

（1）定干。定植后立即定干，高度50～60厘米，位置在饱满芽上部0.5～1厘米，并涂抹保护剂。

（2）确保中心干直立健壮生长（当年生长高度2米以上，粗度1厘米）。发芽后，抹除距地面40厘米以下的萌芽；当新梢长度为15厘米左右时，选健壮枝当中干，让其直立生长，其余枝通过撑、拿、摘心等开展角度，控制生长。基部留3～4个小侧枝，可增加光合面积，有利于主干生长，并起到稳固树体作用，第二年还可结果，控制树势。

2. 栽植第二年

（1）刻芽。刻芽是培育细长圆柱形树形的关键技术。刻芽时间为幼树芽萌动前后1周内；刻芽数量为中央干一年生枝上距顶端30厘米以下所有的芽，刻芽部位为芽上方0.5～1厘米处；刻芽深度达木质部；刻芽弧度为主干粗度的1/3，呈月牙形；并且刻后立即涂抹发枝素。

（2）开角度。通常刻芽理想，新梢会自然开展生长，当15厘米左右新梢与主干角度小于50°时，采用长6厘米牙签撑枝，使其与主干达到60°～70°。第二年树形初步形成。

3. 栽植第三年 第三年春季始花。

（1）主干上光秃部位继续刻芽，开角度。

（2）疏除侧枝（结果枝组）背上直立枝，呈单轴延伸。

（3）根除多余较粗的直立枝。

（4）基部开张角度，顶部疏除密集体枝。

梨树细长圆柱形树形因树体小，结构简单，早果丰产，易管理，适合密植小株行距条件下栽培，而受到种植者重视。

三、"丰"字形六主枝开心形

（一）结构特点

树高2.5～3.5米，干高70厘米左右，全树6个主枝，分3层排列，每层2个主枝，对生或稍有距离。第一、二层主枝斜行向伸展，以东南向、西北向为好。第三层主枝可向正东、正西方向伸展，不遮下层主枝。适应行株距4米×（2～2.5）米栽植方式。

（二）整形过程

1. 栽植第一年 定干、刻芽、抹芽。选出东西两方向的两个新梢，夏季（7月）拉新梢成70°。冬季修剪时，中心延长枝剪留40～50厘米，两主枝剪留20～30厘米。

2. 栽植第二年 夏季将主枝以下新梢疏除，预留主枝拉成90°。冬季修剪时，中心干延长枝剪留40～50厘米，其下在东西方向再选出2个主枝，剪留20～30厘米。

3. 栽植第三年 夏季将第一层主枝背上萌发过密直立枝疏除一些，其余拉平。第二层主枝拉平。冬季修剪选出延长枝上2个发育枝左右拉平作为第三层主枝。

4. 栽植第四年 夏季同前一年，处理背上直立枝。回缩细长的串花枝。

四、小冠疏层形

（一）结构特点

树高3米左右，树冠3米左右，干高60～80厘米。主枝分层排列，第一层3个主枝，第二层1～2个主枝，第三层1个主枝，第四层1～2个主枝，全树6～8个主枝。第一层主枝邻接或邻近排列，与主干角度60°～80°，向四周伸展生长，培养侧枝2～3个；第二层主枝与第一层相距60～80厘米，可培养1个侧枝，角度稍大；第三层、第四层分别相距第二层、第三层主枝40～60厘米。主枝单轴延伸，不在其上留较大结果枝组，在主枝对面培养一个较大的单轴结果枝组，占据空间。

适应行株距为（3.5～4）米×（2～3）米的栽植方式。

（二）整形过程

1. 栽植第一年 栽植后，及时定干并采取刻芽措施，到秋季长成6～8个长枝。冬季修剪选留3个生长势强、方位错落合理的枝条做第一层主枝，并在中部饱满芽处短截，中央领导枝70～90厘米短截，其余长枝长放不剪。

2. 栽植第二年 春季萌芽前，在3个主枝侧面各刻芽4个，中央领导干顶端刻芽2个，萌芽后将长放的2～4个长枝拉水平。背上芽抹去，促进成花。8月下旬，将春季刻芽形成的枝条拉成水平，做第二层主枝培养。冬季修剪时，中央领导枝留60～80厘米短截，主枝上刻芽形成的枝条选留1个做侧枝培养短截，主枝延长枝留2/3短截。

3. 栽植第三年 与第二年相同，培养第三层主枝1～2个。在基部主枝上第一侧枝对侧再选留1个侧枝。第二层主枝上选留1个侧枝。

4. 栽植第四年 将中央领导干顶端延长枝向相反方向拉平，做第四层主枝利用。树形基本完成。

五、二层开心形

（一）结构特点

树高3～3.5米，树冠5～6米，树干高60～80厘米，全树两层，一般留5个主枝。第一层3个主枝，开张角度60°～70°，每主枝着生3～4个侧枝，侧枝上着生结果枝组。第二层留2～3个主枝，距第一层距离1～1.2米，2个主枝的平面伸展方向与第一层3个主枝错开。

（二）整形过程

由小冠疏层形改造而成。随树龄增大，树冠增大，小冠疏层形树体内膛光照变弱，枝条细瘦，充实的花芽变少，此时将第二、三层主枝逐渐缩小，成为结果枝组，最后成二层开心形。

六、棚架栽培

梨树棚架栽培是近年来国内兴起的一种新栽培技术，是利用竹、木、水泥柱、金属等材料搭建成棚架，来支持树冠的栽培方式。通过合理的、科学的栽培技术，最终实现棚架梨的优质生产。现将江苏省睢宁县的棚架栽培技术做简要介绍。

（一）架式类型

目前通用的梨棚架类型有日式和韩式两种。

日式棚架即平棚架，由地锚钩、斜立杆、直立杆、周边围线、主线、中间副线等组成，建成后在距地面180～200厘米形成一个水平的网架。

韩式棚架是采用0.6米×5米的株行距，在行间设拱圆形钢管或水泥杆，每隔5～7米埋设1根，埋土深度70～80厘米。在地上70厘米处开始弯曲，高度一般为2.5～2.8米，分别在地上8厘米、150 厘米、200 厘米处设置 3 道钢丝或钢绞线，将梨树主干固定在钢绞线上，其架式类似我国春暖式大棚结构。

在日本棚架都为钢管铁丝结构，钢管立柱直径粗 8 厘米以上，高 3.5 米以上，设双层铁丝网，便于架防虫（鸟）网和向上拉紧架面，这种材料方法固然很好但造价太高，不太符合我国国情。

睢宁县棚架园结合本地实际，采用水泥柱加单层拉网丝的简易方法，每亩造价比钢管结构节省投资 80%，解决了初期投资大的问题，造价低，易推广。棚架由角柱、边柱、地锚、脚蹬、拉线、边丝（边线）、主丝（主线）、副丝组成。

支柱由角柱、边柱和立柱组成，全部用水泥预制，效果与日本标准相当。角柱、边柱 12 厘米×10 厘米，长度 300～320 厘米，埋入土中深度 30～50 厘米，下面垫 30 厘米×30 厘米×10 厘米的脚蹬石，角柱、边柱与地面成 45°左右夹角，用混凝土浇筑，并配置 1 根斜拉线作为地锚拉线。角柱的地锚 180 厘米×180 厘米×100 厘米埋入地下 150 厘米深。边柱地锚用 50 厘米×70 厘米×25 厘米的混凝土埋入地下 120 厘米。立柱高 250 厘米，埋没深度40～50 厘米。边柱的行距与果园行距相同，株距是果园株距的 2 倍。

棚面由不同规格的钢绞线、钢丝围成。边线、拉线钢绞线用直径 10 毫米钢绞线，间距与边柱株、行距相同，副丝用直径 3 毫米镀锌钢丝，间距 50 厘米，与周围主丝平行或垂直。

（二）树形

树形采用开心形。干高 80～100 厘米，树高 1.8～2.4 米，全树主枝 3 个，每主枝配 2～3 个侧枝，第一侧枝距主枝基部 60～80 厘米，第二侧枝在第一侧枝的一侧，距第一侧枝 70～80 厘米，第三侧枝距第二侧枝 60～70 厘米。主枝开张角度 45°左右，侧枝开张角度 50°～60°，主、侧枝上直接配置中小型枝组。

（三）整形修剪

1. 幼树期修剪 栽植当年定干，定干高度 80～100 厘米，剪口下 20 厘米范围的整形带要求有 6～8 个饱满芽。第一年各选 3～4 个位置适当的枝作为主枝，主枝剪留长度 100～120 厘米。第二年冬剪时主枝剪留 80～100 厘米。第三年开始配备第一侧枝，主枝延长枝剪留 60～80 厘米。其余枝作为辅养枝处理缓势促花。

2. 初果期修剪 ①继续培养和调整骨干枝，迅速扩大树冠，并用先截后放的方法培养中长结果枝组。②控制辅养枝，使其缓势成花结果。

3. 盛果期修剪 ①巩固和调整树体结构，平衡各级骨干枝之间的关系，改善通风透光条件。②用短截和回缩的方法不断的改造和更新结果枝，维持结果枝组的健壮生长。为了调整生长与结果的矛盾，一般采用三三制修剪法，即 1/3 更新、1/3 结果、1/3 预备枝。及时更新 3 年以上枝龄的结果枝。

修剪时应将棚架上绑扎结全部剪开，以免造成缢伤，影响枝的正常生长。一般在冬剪和棚架整形后及时将梨树枝梢绑缚在棚架上，对已造成缢伤的部位要错开原处绑扎。绑扎材料宜选用麻绳、布条，绑扎时注意留出缓冲带。

第六节　不同年龄时期的整形修剪技术

一、幼树期树整形修剪

幼树一般生长旺盛，枝条粗壮而直立，在定植后 5～6 年，应该使其迅速形成树形，并在缓和树势、提早结果的基础上选留培养骨干枝，整成一定树形，以便为长期丰产打下良好的基础。

（一）定干

定植当年，按主干预定高度加整形带高度对梨苗木进行剪截，一般高度 80 厘米左右。第二年剪口下发生 3～4 个长枝，在其中选留骨干枝。

定干后发出的枝条都应尽量保留，要求多发枝，适当轻剪，控制中央领导干的过强优势，部位过低的枝芽抹去。

（二）中央领导干和竞争枝的控制

幼树中央领导干强旺，竞争枝生长直立，不好利用。要注意控制中央领导干和竞争枝，才有利于主枝的培养。如中央枝生长过旺，可用竞争枝代替中央枝，将原中央枝弯倒处理，培养成抚养枝。如原中央枝生长中庸，可继续作为中央延长枝，将竞争枝进行弯倒处理，培养成抚养枝。这样既有利于整形，又有利于结果。过去对中央枝和竞争枝的处理是采取换头，即将中央枝或竞争枝疏掉，这种做法不利于幼树的生长扩冠，不利于提早结果。

（三）主枝培育与开张角度

第一层骨干枝可选留 3～4 个，凡作为骨干枝用的，要适当短截，保证较好的生长势力，以迅速扩大树冠。对于骨干枝的延长枝，应在新梢中上部饱满芽处剪截，一般长 30 厘米左右，粗壮枝可酌情长些。剪后要使其前部能抽生健壮分枝，下部还要有一定数量的中短枝，可培养成结果枝组。梨树喜光，但树姿直立，要注意开张角度。只有角度开张，才能缓和树势，迅速扩大树冠，光照条件得到改善，树冠内能容纳较多的结果枝组。开张角度有撑、拉、吊等方法。

（四）轻剪、缓放、多留枝

幼树期剪截过重，易促进营养生长，对迅速扩大树冠和形成花芽都不利。梨树成枝力较低，萌芽力高，除骨干枝短截外，其他枝条尽可能多留少疏。凡不影响骨干枝生长的枝条，可以甩放，生长较直立的可以弯倒处理，待形成短枝、结果后，再行回缩。梨树采用先截后放的方法培养结果枝组需要时间较长，效果不好，一般采用缓放、弯枝等手段，既快又省事。梨树背上枝生长直立旺盛，将其弯倒后，生长即缓和，很容易形成花芽，待结果后视空间大小再行处理，这样比疏除或先截后去强留弱的效果好得多。

（五）直立旺盛枝

生长直立的旺盛枝条，只做弯倒处理，一般拉成水平或稍下垂，当年便可以形成短枝，第二年成花，处理得当的当年就可形成花芽，是幼树提早结果、培养枝组的好办法。幼树采用以果压冠，克服生长过旺，控制树冠大小等，比强压和重疏的办法好。

梨幼树修剪不管采用什么手段，原则是“轻剪、缓放、密留枝”，迅速扩大树冠、以果控冠，早结果、早丰产，生长和结果两不误，整形和结果两相助。

二、初结果期树整形修剪

初果期树是指定植后 6～12 年，密植树 5～7 年即为初果期树。此期树冠仍在较快地扩大，生长势仍旧较旺、较直立，如果修剪和其他管理适当，结果量逐年上升较快。这一时期修剪的任务是，继续培养骨干枝，平衡树势，开张角度，扩大树冠，注意缓和树势，增加中、短枝数量比例，调节生长与结果的关系，大力培养结果枝组，使树早进入盛果期。

（一）骨干枝继续培养

对前期已选出和培养的骨干枝要继续培养。各骨干枝的延长枝剪留长度，应根据树势而定，一般在春梢的上部短截。如主枝生长势减弱，要适当缩短剪留长度，因梨树大枝增粗生长比苹果慢，若剪留过长易造成骨干枝细长、负载量不大等，对生长和结果都不利。对树高达到要求高度的，要落头开心。

（二）开张角度

有些树基角合适，但腰角、梢角变小，使主枝呈抱合生长，所以整形期间要不断注意开张角度。对于不易撑、拉或生长过旺的大枝，可用背后枝换头。如背后枝较粗壮时，可将原头压缩控制，去强留弱，缓放结果，逐年改造成结果枝组。如树冠内枝条较多，也可重压原头，留活桩保护伤口，待新头粗于原头后，再彻底去掉。如背后枝较细弱，要先培养再换头，防止换头过急形成大枝小头现象。

（三）平衡树势

对于强枝，可用加大角度、换头、延长枝留弱枝当头，中庸枝甩放多结果等办法削弱其生长势。对弱枝，不轻易换头，角度过大的可抬高枝头角度，多留抚养枝，多截营养枝，使其少结果。延长枝留壮枝、壮芽等，使弱枝转强。

对于干性特强，易发生上强下弱现象的品种，要及时控制中央干生长势，扶持主枝生长。如中央干过高过旺，主枝细弱时，将过强中央干落头，在整形过程中有时落头 2～3 次才能调整过来，达到树势上下平衡。

（四）结果枝组的培养

结果初期的树，要把修剪的重点逐步转到枝组的培养方面，要大力培养枝组。结果枝组的培养方法有以下几种。

1. 一年生枝先放后缩 第一年不剪，第二年回缩到有分枝处，或待到第三年结果后回缩到下部分枝处。梨树萌芽力强，成枝力弱，长放后容易形成较多的短枝，回缩后不易“跑条”，较易形成稳定的结果枝组。

2. 一年生枝先截后放 多用于长枝，少数用于中枝。第一年根据枝条生长强弱和位置进行不同程度的短截，第二年将分枝去强留弱，留下的枝再缓放，回缩成形。这种枝组一般分枝较多，可培养成大型枝组。梨树成枝力弱，萌芽力强，用此方法时间慢，不易早结果。

3. 弯枝后回缩 第一年将一年生枝弯倒成水平或稍低头，待形成花芽后回缩。此法用于生长旺盛、直立的枝条。盛果期前的树，一般生长势强旺，对于直立枝、徒长枝、背生枝，无论先放后缩或先截后放都不易很快形成花芽。采用弯枝后回缩的方法成花快、效果好，尤其是幼树期间。

4. 多年生枝压缩而成 将整形过程中的临时性枝、层间的大辅养枝、主枝换头后的原头等，经压缩、去强留弱、缓放等处理，逐步改造成结果枝组。

5. 果台枝发展而成 果台枝为短枝者，多形成大小不等的短果枝群；果台枝为中、长者，可形成较大的结果枝组。

梨树喜光，为了达到立体结果，必须培养光照良好、结构紧凑的结果枝组，因此要注意结果枝组的合理布局。在培养结果枝组的过程中，首先要有计划地安排好大枝组的位置，在大型枝组中配置一些中型枝组和多数的小枝组，一般主枝的前部分以中、小型枝组为主，中、后部可培养些中、大型枝组。背上枝组以中、小型为宜。

对前期保留的辅养枝，根据所在部位和空间大小一部分继续发展和培养为半骨干枝，一部分可逐步改造为不同类型的结果枝组，在继续培养保留各级骨干枝和和培养枝组的同时，要注意逐年缓和树势，增加枝量，特别是要大量增加中、短枝的数量。

三、盛果期树整形修剪

此期梨树已经大量结果，树冠已形成，生长势比上一时期弱，树冠内形成大量短果枝群。随着结果增多，结果枝组逐渐衰弱，结果部位逐渐外移，生产上常因管理不善，结果过多，树体营养失调或自然灾害、病虫害等，破坏生长与结果的平衡关系，形成大小年现象，循环不已，使树体迅速衰退，产量迅速下降。所以，高产必须建立在良好管理、健壮生长的基础上，保持和增加有效枝数量，方能高产又稳产。

此期的修剪任务是，在加强土、肥、水管理的基础上，通过修剪，调节生长与结果的关系，保持树势健壮不衰，维持树冠结构和维持多年生的中、小枝组的结果能力，使树体高产、稳产，延长盛果期的年限。

（一）平衡树势、控制树冠大小

进入盛果期，树冠已经达到所需大小，应及时控制，先对中心干控制高度，一般乔化树以 4 米左右为宜，矮化树 3 米左右。在此高度选一相应的侧生大枝作为中心延长枝，在其上侧回缩，其他各主枝要控制延伸过远。外围适当疏剪或以果压枝等方法克服外强内弱和平衡各主枝间关系。

对于骨干枝配置较合理的，除病虫枝外，大枝基本不动，继续维持其主从关系。骨干枝延长枝剪留长度应比前期短，一般在春梢的中部短截。这样既可以维持树势，又可以避免骨干枝延长的过快，骨架软弱。对结果枝组，要及时培养，量枝留果，尽量保持其结果能力，应有计划的安排枝组间及轮换结果，有截有放。衰老时要及时回缩更新，尽量保持良好的生长和结果能力，防止发生大小年现象。

（二）枝组修剪

随着树龄和枝龄的增长，分枝增多，对结果枝组要在原有的基础上不断地调整、改造、培养更新。

1. 小枝组修剪 小枝组是结果的基本单位，一般在短果枝群每年连续发生短枝的能力强时，要疏除过密枝，去弱留强，逢三去一，逢五去二，最多时可去半数。要求每一个短枝能有 4 片以上叶，如多数为 2～3 片叶，即要养枝，不使结果，并疏去一部分弱枝，留下部分发育良好的，一般一个短果枝群上留壮短枝 3～5 个即可，每年结 2～3 个果。凡单轴延伸的小枝组，要堵花修剪，即枝条形成花芽后，视其强壮程度留适当的花芽，回缩堵截。堵花回缩后坐果率提高，坐果数增加，果重也增加。小枝组正常时，也不可剪，枝上短枝疏弱留强，到不能形成正常好花芽时回缩更新。无法更新时，缩至基部瘪芽处，使萌发新枝。小枝组数量多，形成易，衰老快，变动大，应有空就留，过密过老即去。总之，要防止内膛枝的枯衰，结果部位外移。枝组生长势的维持，更新能力的强弱，与树势、枝的延伸远近、负载量的多少有密切相关。要随时根据结果枝及枝组的生长势力，控制结果量。对较好的枝要短截使再发壮枝，构成几个分枝，轮替结果。新生分枝多，轮换结果有余地，产量易稳定，枝组寿命也长。枝组中尽量留壮枝壮芽，维持良好的生长势。经过一段时间，衰老下垂枝要回缩抬枝，缩到壮枝壮芽处更新复壮。花芽过多时，要破芽剪或疏去花序留副梢，以增加枝量，减少果量。衰老短果枝或短果枝群可破台剪，使休眠芽萌发，如反应不明显时，要配合前部枝适当疏缩。必要时，必须先养壮再前堵后截，才能发好枝。对内外枝组，均要在促进生长的基础上挂果，控制挂果量，维持生长，不能盲目贪多，损伤树势。对短果枝群，应疏去瘦弱、距基部远的，以培养紧凑健壮的结果枝群。

2. 中、大型枝组的修剪 在盛果期要特别注意这类枝的生长势力，要控制挂果，交替结果，不使衰老。生长势弱时可改造为小枝组。中、长枝一般不宜留花芽，要尽量保留生长能力，以维持有效结果部位。大枝组实际为几个小枝组所组成，要使每一枝组的延伸部位保持一定的生长势力，要强枝强芽带头。一般都要短截，强轻弱重。特强的长放结果，结果后立即回缩。当发现下部芽弱小，长期为中间芽，发叶少或不发叶，即要进行回缩更新。一般3～4年进行一次。为了处理好生长与结果的平衡关系，可使主枝间轮替结果。

对于着生在主枝的两旁、背斜背下，呈水平、斜下或下垂的枝组，随着树龄的增大，结果增多，主枝渐渐开张，甚至下垂，枝组衰老，在这种情况下，就要回缩衰老下垂的枝组，并适当培养一些背上枝组，以抬高枝条角度，加强其生长势，填补空间。

盛果期树易发生外围枝组强壮而内膛枝组衰弱的现象，修剪时要采用“抑前促后”的方法，即对主枝前端过于强旺、直立的大枝要去强留弱，适当回缩，使其改造成中、小型枝组，对后面衰弱枝组要多短截，少结果，促其复壮。

对于交叉、重叠、着生较密的结果枝组，一般不宜从基部疏除，尤其是生长衰弱、发枝困难的一类梨树更要注意，可用一长一短、一抬一压的修剪办法来调节，使每个枝组各占一定空间，既不互相影响，又能多保留结果部位。对衰弱的结果枝组，应根据其衰弱原因进行更新复壮，如细长下垂枝，应回缩至上面生长健壮的分枝处；花芽密集、结果过多而衰弱的，应疏间果枝，去弱留强，疏花疏果，促其复壮；因光照差而衰弱的，则要疏剪过密枝，改善光照条件。

（三）留果量的决定

梨树每年留用花芽量，应限制在总枝数的30%～40%，只有生长势特强旺，有效叶量多，叶片大，质量高时，方可留50%。过多要疏除或去花留叶。要增加产量，就要增加枝叶量。根据前述指标，因地因树决定枝果比或叶果比。对一年生中长枝要有截有放，维持一定的新梢量。如外围枝生长过强、过密，要适当疏枝，对留下的枝再适当长放使结果。一般是内截外疏。延长枝要短截，强轻弱重。如为长果枝、腋花芽枝，要少留腋花芽，去顶花芽，或在叶芽处短截，使发枝。直立旺枝根据需要进行改造或疏去，如果用于补充枝组时，可先截后放，加以控制改造。盛果期修剪，每年要使有足够的新梢量形成才能丰产。产量要根据枝叶量来决定，按结果、发枝、形成花芽三套枝修剪。每1 000个枝（包括长、中、短枝）方可负担50千克果。要进行夏季修剪，每年在新梢生长达30厘米以上并有10片叶时开始摘心，可增加枝量。

（四）冠内光照的改善

盛果期树容易发生冠内光照不良的问题，容易使冠内枝条瘦弱，花芽分化和结果不良，加速结果部位外移。引起冠内光照不良有多种情况，有的是由于树势过旺，外围发生长枝过多；有的是由于骨干枝过多过密；有的是由于主枝角度过小或树冠上部枝多且过旺；也有的是由于栽植过密，树冠与树冠互相交接等。因此，对冠内光照不良的树必须根据不同情况分别对待。对于外围枝发生多的树，要轻短截外围枝，对不影响骨干枝生长的长枝可以甩放，使生长势缓和。如果外围多年生过多、过密，可以对密处进行疏枝或回缩，使外围枝密度变小。对冠内骨干枝过密的树，可以缩剪或疏除幼树时期多留的主枝，或层间半骨干枝以及其他分枝。如有较多的大枝要处理，应分年进行，一年处理1～2个。对中心干上层主枝多而且发旺的树，可以减少上层主枝的数量。采用多主枝自然形的树，可以对中干回缩或减少上层主枝。

四、衰老期树整形修剪

梨树进入衰老期后，树冠外围生长很弱，外围枝抽生很短，向心生长明显。一般外围枝短截已无明显反应，结果枝周期长，枯衰枝迅速增加，产量明显下降。如果修剪得当，肥水管理跟得上，还有相当产量。修剪的主要任务是增强树势，更新复壮枝组或骨干枝，延缓骨干枝衰老死亡。

（一）对骨干枝的更新

对骨干枝要根据衰弱的程度进行回缩更新，如轻衰弱时，要及时小更新，用“抑前促后”的办法，将原延长头回缩至较好的分枝处，同时对长枝上的多年生枝也要回缩，控制留果量，使迅速复壮更新。如果树势已严重衰弱，部分骨干枝即将衰亡，应及早采用大更新的办法进行处理。但过弱树、过弱枝急于回缩更新，效果差，更新慢。应多留枝叶，养歇1～2年再回缩，效果快而好。即在树冠内部选择适宜的徒长枝，加速培养，使其代替部分骨干枝，对衰老光秃的大枝应回缩到向上生长的健壮分枝处，抬高枝条角度，促进中下部枝条生长健壮和萌发较多的更新枝，并对这些更新枝适度短截，促生分枝，逐步将其培养成各类型的结果枝组。对于结果量少的老树，应进行更新，可使其萌发出新枝。

为了稳产一定的产量，可根据具体情况分树分片进行，或在一树上分年进行。回缩部位随着衰老程度而加重。一般回缩到生长较好的部位前，使回缩后内外生长势力均回升，要使剪口能发生好枝，在缺枝处也能发新枝补缺。在肥水好、挂果恰当、多留预备枝、保护好枝叶的情况下，可适当延缓衰老。

（二）其他枝的更新

除对衰老大枝回缩更新外，对中小枝及衰老结果枝组也要进行适当回缩复壮。对生长、结果还比较好的小枝，可暂缓更新的，可结果或短截作为预备枝；对已衰老无使用价值的小枝，可重截或疏去；对外围枝、枝组上较好的枝，可分批短截，有轻有重，轻重结合。用作预备的枝、留作生长的枝，修剪均应适当偏重，与枝组更新相结合，进行前堵后截。在更新复壮的过程中新发的枝，分其用途进行修剪。用于结果的枝仍要轻剪长放；用于复壮枝组的进行短截；对回缩更新的主枝延长枝修剪可与整形时一样，使逐步延伸更替骨干枝。对后部发生的徒长枝，要充分利用，用于补缺的要短截，使之向要求的方向发展。用于培养枝组的，要使开张，然后按一般方法加以培养。如果在同一处抽生数个徒长枝，也要尽量设法利用，使改变方向，使分布合理。要求迅速结果的，可长放或先截后放再放，但要防止形成树上栽树的情况。

进行老树更新时，必须配合肥水管理，回缩更新的头几年要注意少留花芽，适当减少结果，以促进生长、复壮树势。

第七节　整形修剪应注意的几个问题

一、控制先端优势问题

梨树生性高大，幼树时先端优势特强，中心干更强，枝条角度不开张，抱头生长，易造成上强下弱、外强中弱。所以梨树整形修剪过程中应注意控制先端优势，控制树冠高度，促进发枝及侧生枝生长，以平衡各骨干枝之间的关系。

要及时适当控制中心枝的生长势力和上升速度，才能促进其他枝的生长势力。中心枝生长势力越强，上升越快，发根就越少，树冠越是闭合生长不易开张，明显形成上强下弱。对成枝力特弱的品种，应用弱枝弱芽带头，以缓和顶端优势过强，或弯倒中心干延长枝作为辅养枝，用新发枝或其他弱枝代替中心枝，使中心干弯曲生长，多发枝条并与其他枝的生长势平衡。对成枝力强的品种，可用换头回缩，弯曲上升，或适当疏去部分枝叶，或使早结果，以果压冠，控制主心干过强，保证平衡生长。

为了处理好中心干与各主枝间的关系，每年短截延长枝，其长度要基本相近。弱枝适当剪截重一些，强枝轻一些；弱枝多留枝叶，强枝少留；弱枝角度小些，强枝角度开张大些，使相互平衡。

梨树侧生分枝角度小，因此主、侧枝的扇形开张面较小。梨树成枝少，多中、短枝，树冠较稀疏，为此，主侧枝的数量可适当多留。第一层主枝如 3 个不能均匀布满四周时，可增加 1～2 个主枝，使其布满下层空间；第二层 2 个主枝，第三层 1 个或 2 个主枝；最后落头到最上主枝或一个大辅养枝上，使树高在 4 米左右即可。层间距也不需过大，一般 80 厘米左右发枝的品种，可适当加大到 1 米。对矮化密植的树，要多留多放少截，使树形开张，促早结果，以果压树，控制树冠大小。对强旺枝可区别对待，幼树强旺枝要先放后缩，见果后回缩，大树强旺枝可先截后放，使发枝，再去强留弱使结果。

主、侧枝角度开张是整形修剪中重要的问题。主、侧枝角度开张可缓和其先端优势，促发分枝，缓和外强内弱，促使早结果。可用拉、撑的办法开张角度。发枝强的品种也可用换头的办法开张角度。骨干枝的基角一般在 50°～60°，直立性强的品种，开角度还应适当加大，枝条长而软的品种，如鸭梨、巴梨等，开张角度 50°左右即可。梨枝条质硬而脆，易断裂，撑、拉开张角度时需十分小心，要适可而止。主枝角度开张后，梢角仍要向上回升。在整形过程中要力求保持一定方向延伸。要及时拿枝或换头，或在前部长放部分枝条，使早结果，以果压冠。如用换头方法，要对背下枝有计划培养，不能换头过急，防止上强下弱。

二、早成形早结果问题

梨树发枝少，成枝力弱，为了提早形成树冠，提早结果，要在整形过程中力求多发枝。梨的枝条，短截过轻过重均发枝少，成枝更少。对无秋梢的中、长枝，不短截或轻截上部1～3芽，对有秋梢的枝，多数可在秋梢骨节部分短截，可增多发枝。在整形期间发生的枝条，应尽量留用。临时性枝，应尽量使开张、长放、早结果。由于梨的枝条少，因此即使是旺枝、重叠交叉枝、转换头后原来的延长枝，也尽量改变方位，弯枝处理后使转换利用。因梨的顶端优势特强，因此在梨树中心干上的轮生枝、对生枝，也一般不致发生掐脖现象，只要不过分拥挤，也应使开张利用。这一类枝经改造后，寿命长，结果能力也强。在幼树期的大型辅养枝要见空就留，用来填缺补空，然后根据主、侧枝的发展可用来补空养树，收缩时可用来改造大、中型枝组，在整形过程中可作为提早成形、提早结果，骨架后备，辅养树体的重要组成部分，但要控制增粗，不宜长放过多、过久，或任其自然生长，以免形成大枝过多，扰乱树形。

对发枝力特弱的一些品种，如鸭梨，一年不易选留出3个以上的主枝，则对中心干延长枝应偏重短截，使剪口下的第二、三芽要符合所需主枝的方向。由于重截，第二年拟作主枝的枝，常不够强壮，则要长放养枝，并控制中心干一年留用的主枝生长势力。也可采用弯倒主心干代替主枝的方法增加主枝，尽可能在一年内留足主枝数目。

梨树发枝力弱，萌芽力强，如对骨干枝长放或过轻短截，则后部的盲节能相对增加。随着骨干枝的向外延伸，这些早期在后部发生的中、短枝易衰退，长期为无效枝，最后枯死，形成内膛早衰，缺枝脱节现象，所以，对延长枝不宜长放，应适当短截。

定植后缓苗慢、生长弱，不发枝是由于苗木质量较差，发根少，断根后恢复较慢的原因形成的。要在根恢复长势后才能发好枝。因此这类幼树在定干后要先养树，多留长放，不急于确定主枝，在养好枝后陆续选留。特别是对枝条软弱、角度开张的品种更要注意，否则将来树弱、成形慢、结果迟。

三、培养枝组问题

梨树单枝生长势力差异大，萌芽力强，多中、短枝，易结果，即使长梢长放亦易转化结果。所以梨一般均可适期结果，亦有利于提早结果。因此对结果枝组的培养，应从以下几点考虑。

由于梨的先端优势强，多单轴延伸，较难培养成分枝多、开张大的大、中型枝组，故应及早培养。培养枝组应放、截、缩相结合，冬季修剪和夏季修剪相结合。对强旺枝一般不宜短截，采取先放、拉倒处理，使发枝后结果。如要培养大枝组，应有放有截，使多分杈，每年截放结合，待达到应有分枝数再长放结果。如对果台副梢为中、长枝的品种，如酥梨，可不必采用上述办法，采用弯枝捺枝的方法改变枝条生长方向，再强的枝只要成水平状即可消除其顶端优势，促生短枝，结果后，利用果台副梢即可培养成大、中型结果枝组，既快又有利于早结果。在培养过程中形成的花芽，要适量结果，使留有余力，以发枝生长。对中庸枝，可先放后缩，即成中、小枝组；或连放结果以后疏除或回缩，形成小枝组；或先放，再对先端强枝短截使发枝，形成单轴中型枝组。对弱枝可先放，养壮后再截，使发枝分杈，也可培养中型结果枝组：或长放结果后，到衰弱时回缩。对背上旺枝培养为结果枝组，应先改变方向，拉平或斜下，使多发枝，然后培养为所需要的枝组。

有些品种，不仅中、短枝易形成花芽，长枝也易形成花芽，在幼树的整形过程中，不仅对扩冠枝少留或不留果，而且对全树也要控制，使树体留有余力，维持健壮树势，以便顺利进行整形和培养枝组。外围留果量，应根据外围长势来决定。开张角度小，外围生长旺，外围要多留果。树冠长到一定大小时，为了控冠，外围要多留果，以果压冠。

四、超密栽植园的整形修剪

在自然生长发育不同阶段的基础上，结合栽培技术和经济效益的需要，划分为4个阶段，即促长成形期（为1～3年生的树）、促果压冠期（为4～6年生的树）、优质丰产期和更新复壮期。在不同年龄时期采取不同的修剪技术，已取得果品丰产、稳产的经济效果。

（一）促长成形期

促长成形期是指一至三年生的梨树，此期的生长特点是生长旺盛，枝条抱头延伸，垂直角度小，前期枝量小，长枝少。修剪的原则是以促为主，增枝扩冠，开张角度。修剪的任务是定干、整形、选择和培养骨干枝，并利用短截、目伤等方法增加枝量，为促果压冠打下良好的基础。

定干距地面80～100厘米处剪截，剪口下选留6～8个饱满芽；在风多的地方，剪口要留在迎风面上，以减少风害。成枝力较强而分枝角度小的雪花梨等品种，可采用二次定干法。

一年生树修剪时，30厘米以上的一年生枝留4～6个饱满芽重短截，15～30厘米的只剪顶芽，15厘米以下的枝不剪。对二年生幼树修剪仍以短截为主。中心干延长枝50厘米以上的剪留4～6个饱满芽，并将剪口下3～6个芽目伤；30～50厘米的只剪去顶芽；30厘米以下的不剪接。其他一年生枝50厘米以上的剪留3～5个饱满芽；30～50厘米的剪留2～3个饱满芽；30厘米以下的不剪，要充分利用顶芽生长优势促生壮枝。

三年生幼树修剪时，要根据新枝数量的多少与生长强弱进行短截。中心干延长枝的剪法与二年生幼树一样，但此时中心干已达到预定高度，短截时可将剪口下1～2芽留到行间方向，以充分利用空间和光照条件。这时全树中部直径在1厘米以上，长度在100厘米以上的枝条数应该达到该树所占营养面积的平方米数，这个要求是不同密度下梨树转入以果压冠期的基本条件。如果每平方米营养面积上的着生数在 0.5 根以上，可按 1∶1 截放，即短截 1 根长放 1 根。这种枝条在每平方米营养面积上的着生数在 0.5 根以下的，可按 2∶1 截放，即短截 2 根长放 1 根。对于其他不足 1 米长的一年生枝全部长放不剪。经过 3 年的整形修剪，树体骨架基本形成，并初步完成长放枝组的配备，使生长、育花、结果三种形态的枝均匀分布在树冠上，为促果压冠期奠定基础。

（二）促果压冠期

此期的树龄处于四至六年生，树冠不开张，树势较强，枝条旺长；后期树势缓和，开始大量结果。此期的修剪原则是以放为主，放缩结合。修剪的任务是促花结果、压冠缓树、固定枝组，为优质丰产期奠定基础。

1. 健壮枝组的修剪 健壮枝组多是由 1 米以上的一年生枝长放而成的，垂直角度小，一般在 30°以内，结果后角度也不容易压开。这种枝组长放成花时，可将延长枝剪压轮痕，结果后留 2～3 个短枝重回缩。这种重缩措施能抑制枝条的加粗生长，剪口下的短枝又可促成长枝。长放成花并结果后如果角度仍不开张，可再行重回缩，形成缩放结合的单枝更新的局面。

2. 较壮枝组的修剪 这种枝组生长较壮，有一定的倾斜角度，结果后容易压开。一般长放 2 年再剪除顶梢，使一个枝组分上下两个部位轮替结果，以便压开角度。

3. 一般枝组的修剪 这样的枝组大部分是由 50 厘米左右的一年生枝长放而成的，垂直角度为 45°～60°，长势中等。这样的枝组长放 1 年后即可把先端延长枝剪压轮痕，稳定枝长，使之单枝隔年结果，随着结果枝群的形成再实现连年结果。

4. 细弱枝组的修剪 枝组长势较弱，垂直角度 60°以上，修剪时，较壮的可将延长枝剪压轮痕，较弱的采取养缩措施，即先长放 1 年再适当回缩，抽出长枝后再长放，下垂枝可先缩后放，再缩再放，培养成较壮枝组。

5. 一年生枝的修剪 除各类枝组主轴延长枝外，其余一年生枝长放不剪，过密枝疏除。角度很小的要绑成弯向主轴的反弓弯，以缓和树势，提高负载量。此外对基角、腰角较小且以果压冠不力的枝，要用支、拉或背后枝外开等方法加大角度。

雪花梨等不易成花的品种，长放枝一般需连放 2 年才能见花，严防未花即缩。较壮的一年生育花枝，一般需在枝轴基部环刻或环剥，以提高成花率。

（三）优质丰产期

此期树体已经控制在一定范围内，大、中型长轴枝组已基本固定，其数量在 10～12 个。修剪的原则以缩为主、缩放结合，维持树势，更替结果。修剪的任务是疏除或回缩霸王枝组，更新复壮弱枝组，精细修剪枝群，适位、适量留花，提高果品质量，延长优质丰产期年限。

1. 大、中型长轴枝组的修剪 主要是调整枝势，控制长度。较长者回缩，壮者留弱芽弱枝当头，控制顶端优势；弱者要留壮芽壮枝当头，加强优势。枝展较大的侧生枝应及时回缩，保持单轴优势；角度较小、长势很强的霸王枝组，疏除或重回缩，以改善光照。

2. 弱小枝组的修剪 一般采用先放后缩重疏花措施，以增强枝势，密者疏除。果枝群要本着去远留近、去弱留强、去上留侧的原则精细修剪。注意利用徒长枝，一般可原位缓放，也可变向缓放或先截后放，以培养成结果枝组。

雪花梨果台分枝力差，易单果台延伸或出现无果台现象，修剪时注意短截或回缩果台枝，以促发分枝，防止细弱冗长，后部光秃。

（四）更新复壮期

进入更新复壮期后，树势逐年衰弱，产量低、质量差，修剪以重缩为主，截放结合。回缩更新按照壮树宜轻、弱树宜重、大枝宜重、小枝宜轻的原则，较壮枝组缩减枝轴的1/3左右，较弱枝组缩减枝轴的1/2左右，分2年把大、中枝组回缩完毕。复壮后的一年生枝全部长放，徒长枝要充分利用，若树体能恢复原貌，即可按照优质丰产期树修剪。因品种、气候、土壤等不同，密度方法也不尽相同。

第八节 常用品种的修剪要点

一、玉露香梨

玉露香梨幼树生长势强健，结果后树势转中庸。萌芽率高，成枝力中等偏弱。树姿较直立，有明显的分层。幼树定植后3～4年开始结果。

宜采用小冠分层形，在整形修剪时要掌握多留、多用，多放、多截、少疏的原则。生长季节注意拉枝、开角、摘心。8月拉枝，基部三主枝开至70°～80°，其他主枝开至90°。直立枝视其周围空间大小，空间大的长30厘米时摘心，控制全树超长枝不超过5%，中、短枝占85%以上；空间小时，应先缓放使形成花芽，开花结果再缩成枝组，即使是强旺直立枝也不应轻易疏除，而尽量改造利用。

幼树具有较强的顶端生长优势，要利用刻芽、拉枝的办法缓和顶端优势，促进成枝。及时开张主枝的角度，增加树体内膛光照，促进成形和早结果。

二、早酥

早酥梨幼树干性强，长势旺，枝条常直立生长，分枝角度小，结果后角度逐渐开张；萌芽率高，成枝力中等或稍弱，短枝易转化为长枝。健壮中、长枝易形成顶花芽和腋花芽，拉平易形成一串短果枝。以短果枝结果为主，果台发生副梢能力较强，易形成短果枝群。果台枝连续结果能力差，寿命短。

一年生长枝中短截后，一般可萌发 2～3 个较长的枝条，进入结果期较早，栽植后 3 年即可结果。以短果枝结果为主，中、长果枝结果较少。长枝缓放后，可萌发较多的中、短枝，当年还可以形成花芽。短果枝结果后，每个果台一般可抽生 1～2 个较短的果台枝，而形成短果枝群。短果枝群的分生能力较弱，对修剪的反应不敏感。果台枝连续结果能力较弱，一般隔一年才能形成花芽。多年生枝进行重回缩后，秕芽或潜伏芽能萌发抽生较旺的长枝。

宜采用小冠疏层形，幼树期促发长枝，使中心干弯曲生长，开张骨干枝角度。用先截后放方法培养大型结果枝组。

早酥梨的枝量较少，所以修剪时要适当多留枝条。主枝也可以适当多留几个，在生长期间通过拉枝等方法及时开张角度。幼树的修剪采用“轻剪长放多留枝”原则，对长势强旺的中干延长枝可用竞争枝带头并适度短截，同时将原延长枝弯倒拉平，以利当年成花，提早结果。对长势较弱的枝条，可适当短截、回缩或疏除，促进其发较旺新枝，然后再缓放成花，逐步形成新的结果枝组。除骨干枝延长枝适度短截外，其他枝条一般不疏不截，待结果后逐步进行缩剪或疏除。对全树强旺的一年生枝，一部分缓放不剪，成花结果后再适度进行回缩；而另一部分，可进行较重短截，以促进萌发强旺的长枝。

三、黄冠

黄冠梨幼树生长势强，树姿直立，萌芽力、成枝力强，新梢具有直立生长的特性，树冠易郁闭，使通风透光不良。结果早，以短果枝结果为主，中、长果枝及腋花芽结果能力也较强。果台发生副梢能力强。

宜采用小冠疏层形，幼树以轻剪缓放为主，注意分清从属关系，避免外围枝头过多、过大，保持均衡的树势和枝势。注意开张骨干枝角度，主枝以 70°左右为宜，其他枝条角度可以更大一些。注意处理骨干枝及较粗枝条拉枝后背上萌发的直立枝。进入盛果期后，落头开心，改为二层开心形。

四、硕丰

硕丰梨树势中庸，树姿较开张，干性较弱，萌芽率高，成枝力中等。宜采用疏层开心形或小冠疏层形。其树体结构为干高 60～70 厘米，树高 3.0～3.5 米，其上分布 6～8 个主枝，成形后采取弯曲中央领导干或落头开心的方法控制树体高度。

本品种幼树长势较旺，应注意轻剪长放；进入结果期后树势趋于中庸，树姿较开张，一般延长枝中度短截（剪留 50 厘米），可抽生 2～3 个长枝、1～2 个中枝和 2～3 个短枝。长、中、短枝均能结果，且易形成腋花芽，果台枝连续结果能力强，坐果率高。进入丰产期，应注意疏花疏果和更新枝组，以防树势衰弱和果实品质降低。

五、巴梨

巴梨树势中强，树冠较小，萌芽率高，成枝力强。幼树的长枝中短截后，顶端能抽生 3～5 个长枝，其下依次抽生中、短枝，中枝数量较多。枝条直立性强，角度开张较小，枝条长势也较弱。

幼树主枝角度不开张，因枝条较软，在大量结果后角度容易开张甚至下垂，顶端优势强，如主枝角度开张稍大时，背上即可发生直立旺枝。

幼树结果较早，一般栽植后 3～4 年即开始结果。初结果树，常有 50 厘米以上的长果枝。大树则以短果枝和短果枝群结果为主，但中、长果枝仍有一定数量。果台枝的发生率较高，每个果台可抽生 1～2 个果台枝。果台枝的连续结果能力强。短果枝形成短果枝群的能力中等，较易更新复壮，结果年限较长。

幼树整形可选用主干疏层形，主枝宜适当多留，层间距可适当缩小。进入盛果期后，适当调整。

初结果树应注意保留长果枝结果。进入盛果期后，仍要注意长果枝的保留利用。长果台枝也易形成花芽，花少年份可利用结果，花多年份可短截用作预备枝。长枝甩放后容易形成较多的果枝，中枝连放 2～3 年，也易形成大量短果枝，回缩后可成为稳定的结果枝组。

盛果期后的大树，主枝角度容易开张过大，背上发生直立枝，需要时可将其培养成新主枝头，而将原主枝头保留利用，或培养成结果枝组，也可疏除。

在更新主枝时，要首先培养好新的枝头后再更换，以免更换过激，影响产量。

六、丰水梨

丰水梨萌芽率高，成枝力强，在二至三年生树上，长势强壮的长枝缓放后，其萌芽率随枝条角度的开张而提高。在成龄树上，短枝和叶丛枝占 88%，中枝占 7%，长枝占 5%。

丰水梨以短果枝结果为主，所结果实质量好。短果枝很容易形成鸡爪状短果枝群，进入结果期后，短果枝群抽生中、长枝的比例仍较高，中枝和长枝当年都有形成腋花芽的习性，这有利于早期丰产。枝条在秋季能够自然开张，但直立枝仍需人工开张。

树形宜选择小冠型树形，如小冠疏层形、开心形、圆柱形等。在栽植的当年或第二年，拉开所有的旺枝长枝，开张角度达 70°～80°。冬季修剪时，中短截部分强旺长枝，促发健壮长枝，同时缓放部分中枝和长枝，促发短枝并形成花芽。第三年冬季修剪时，强旺长枝全部缓放不剪，夏季进行环割促枝并形成花芽。同时注意利用中、长枝所形成的腋花芽。

要维持较高的短枝比例，除生长期摘心和疏除部分中、长枝外，还要在主枝前端和背上保留部分中、长枝。

七、鸭梨

鸭梨树势中等，树姿较开张，萌芽力高，成枝力低。长枝短截以后，剪口下一般只能抽生1～2个长枝，其余都发生短枝和叶丛枝。短枝发达，易转化为果枝，形成短果枝群。长枝甩放不剪，顶芽延伸力强，其下发生大量短枝，中枝较少。幼树结果早，以短果枝结果为主，有少数腋花芽和中、长果枝。大树以短果枝群结果为主，中、长果枝比例一般不超过20%。短果枝的寿命较长，果台枝一般为1～2个短枝，连续结果能力较强。

修剪时可适当多留主枝，由于成枝力低，定干后第一年常不易选足第一层主枝，可在定干后的第二年再选，延长枝不易剪留过长，一般在夏梢中上部短截，要注意剪口芽的方位。可尽量多留辅养枝，并注意培养结果枝组。鸭梨成枝力低，短枝发达，在加强肥水管理的前提下，幼树采用短截、少疏或不疏枝，对不作为骨干枝用的长枝甩放，是幼树快成形早丰产的关键。因大量结果后枝条开张，可将内膛一些生长旺盛的小枝和徒长枝适当短截，促使发枝，培养成结果枝组，以充实内膛。大量结果后，对短果枝的修剪，应去弱留强，有计划地更新复壮，交替结果。花芽过多时，应进行疏花疏果，保留部分果台，减少树体负担。对分枝很多而生长弱的中、小枝组，应进行组内复壮修剪，即疏除弱枝弱芽，使养分集中，抬高坐果率。鸭梨由隐芽发出更新枝的能力较弱，盛果期大树，如树冠内部发生更新枝要充分利用，以免骨干枝基部光秃。

八、酥梨

酥梨树势中庸，萌芽力强，成枝力中等，健壮的结果树新梢剪口下可抽1～3个长枝，2～3个中枝，以下为短枝。以短果枝结果为主，也有部分中、长果枝及腋花芽。果台抽枝力强，常抽出1～2个中、长果台枝。果台枝顶部结果后，侧芽多抽成短枝，如此连续结果、分枝，可以逐渐形成中型结果枝组。酥梨全树长、中、短枝分布均匀，中、短枝多自然形成中、小结果枝组；长枝可用先放后缩的办法培养成中、大型枝组。枝条回缩后易抽枝和更新。酥梨发枝多，故整形修剪较易。幼树修剪时要轻剪缓放，除选留的骨干枝延长头短截外，其余枝一律根据生长势和生长部位缓放或轻打头，斜生或水平生枝甩放不剪，背斜枝可轻打头，背上枝、直立枝、徒长枝可弯枝、捺枝等处理，使其成花后，再行回缩。酥梨有叶花芽结果的习性，所以弯枝改变枝条生长方向，缓和生长势，很容易形成短枝或腋花芽。大量结果后的树，除了继续扩大树冠外，要注意培养紧凑牢固的结果枝组。骨干枝两侧、背斜和层间可培养些大、中型结果枝组。对于细弱延长的要及时回缩。酥梨的结果枝之间一般能交替结果，所以稳产，但如果花芽过多时，要适当疏剪。可剪去一部分中、长枝上的花芽，留一定量的预备枝，以防止出现大小年结果现象。

九、雪花梨

雪花梨幼树生长中强，萌芽力及成枝力中等。长枝中短截后，剪口下一般能发生 2～3 个长枝，其下依次为中短枝。枝条的分枝角度较小，干性较强。幼树较直立，短枝不如鸭梨发达。以短果枝结果为主，中、长果枝和腋花芽结果能力也较强。果台一般发果台枝 1 个，常有无枝果台。所以短果枝不易形成分枝多短果枝群，短果枝寿命也较短，结果部位外移快。果台枝连年结果能力弱。幼树不易修剪过重，宜应用轻剪、长放、少疏的剪法，使树势缓和。待树大以后，再适当回缩，改造成短轴的结果枝组。由于不易形成分枝多的短果枝群，而且短果枝寿命亦较短，对这类枝不必进行细密维持修剪，即使修剪效果也不明显。可着重对由中、长枝形成的枝组修剪，即通过枝组间维持修剪，延长短果枝或短果枝群的寿命。对中枝应多放少截培养新果枝结果。骨干枝光秃后，可以通过对骨干枝的回缩、更新促使骨干枝光秃部位萌发更新枝。小年时注意中、长果枝和腋花芽结果。

雪花梨由于幼树整体生长比鸭梨慢，成花也比鸭梨困难，一般情况下，成形要比鸭梨晚 1～2 年，常需要采取一些成花措施。雪花梨分枝角度小，可多用反弓弯调整角度，以防劈裂。

十、水晶梨

水晶梨树势强健，树姿较直立，萌芽力弱，成枝力中等，以芽状短果枝群结果为主，腑花芽结果能力强，坐果率高。水晶梨应以纺锤形整枝为主，树高控制在 3 米左右，干高 80 厘米左右，在主干上螺旋状均匀排列 10～12 个主枝，枝间距 20 厘米左右，主枝粗度为着生部位主干粗度的 1/2 左右，树形培养过程；水晶梨定植后在 1 米处定干，在 20 厘米整形带中选留 2 枝，由于水晶梨萌芽率低，可在需留枝部位芽上刻伤，从定植到 7 月新梢生长期，中心干每延长 25 厘米左右摘心一次，掐去嫩尖 5 厘米左右，促生分枝，在 8～9 月新梢停长后，进行拉枝开角，主枝角度 70°左右：直立枝、背上枝拉平；疏除并生枝、交叉枝、重叠枝。冬剪时，对主干延长枝留 20 厘米短截，发芽后再对中以干摘心，这样，利用 3 年左右的时间就可培养成形。

十一、黄金梨

黄金梨树势强壮，树姿开张，萌芽率高，成枝力强，有腋花芽结果习性，易形成短果枝，对修剪反应敏感，一般发育枝短截后，剪口下可萌发 3～7 个长枝。

树形宜采用 Y 形开心形、细长主干形等小冠型树形及棚架形式栽培。

幼树应适当轻剪，徒长枝、背上旺枝、竞争枝适当疏除，对单轴延伸的小主枝，春季修剪可采用小破头（剪去 2～3 芽）结合刻芽方法，促使主枝中后部多萌发中短枝。剪口下萌发新梢，第一枝作为骨干枝延长枝，疏除竞争枝，避免出现前端过大及短截过重。如短截过量，会刺激抽生大量枝条，消耗树体营养，推迟结果。进入结果期后，要严格控制产量，控制花芽量。对连续结果的长果枝要及时更新，方法以回缩为主，可以回缩到有较强生长势的分枝处。

十二、红香酥

红香酥梨树势中等，萌芽率中等，成枝力中等，枝条硬脆，易折易劈裂，骨干枝开张角度宜早，过晚则不易拉开，对于基角过小，甚至夹皮角可采用反弓形拉枝。主枝角度以 60°左右为宜，过大则结果后易下垂。

树形采用小冠疏层形较好，第一层主枝可留 4 个，主枝上不培养侧枝，仅培养大、中、小各类结果枝组。层间距拉大到 1.3～1.5 米，培养第二层主枝 2～3 个。因结果后枝条易下垂，在各级骨干枝上部应少留果。骨干枝因结果多下垂后，要及时回缩，以维持树势。结果枝连续结果能力差，不能形成良好的结果枝组，要及时回缩更新。在骨干枝背上等优势部位，易萌发强旺直立枝，在夏季要疏除过密枝，对于尚有空间的枝条要拉平成水平或斜生，逐步改造成结果枝组。要控制整体生长势，以维持中等偏强树势。

第七章 花果管理

第一节 花期管理

花期是梨树一年中生长发育的关键时期，此时枝、叶、花同时生长发育，需要大量的营养和水分。这一时期的营养水平和管理技术是否得当直接影响当年的产量。因此在花期除为梨树准备所需营养，花前保持土壤湿润外，还要授粉、疏花、防霜，以确保坐果适量，实现连年丰产。

一、人工辅助授粉

（一）人工辅助授粉的必要性

梨树是自花授粉结实率很低的树种。在授粉树配置得当的梨园里，如主栽品种和授粉品种的花量充足，花期气候条件适宜，田间传媒昆虫较多的情况下，自然授粉就可满足坐果的需要。但这种情况在花期是比较少见的，单靠自然授粉往往会出现坐果率低，以及因没有授上粉而出现落花落果或者坐果不均匀、歪斜果率高的现象。

在品种单一或授粉树配置较少的梨园，以及在授粉树配置良好而授粉树或主栽品种花量少的梨园，以及遇花期气候条件恶劣时，就需要用人工的方法进行授粉，以补充自然授粉的不足。

在进行人工辅助授粉时，要注意在花期的不同阶段反复进行才能奏效。否则，将会出现满树花、半树果或坐果极少的空树现象。

自然授粉要受诸多条件的制约。在市场经济时代，果实的大小、外观形状已成为果实商品品质的第一要素。落到柱头上的花粉粒虽只有 10 粒伸入子房受精，即可形成足够的种子，但伸入花柱而未到达子房的花粉粒所产生的激素能够刺激幼果的细胞分裂。因此，落在柱头上的花粉越多，果实就有长成大果的基础条件。据试验，当每个柱头上黏附 60 粒花粉，一朵花上 5 个柱头，共 300 粒花粉时，幼果细胞分裂得最多，幼果个大。随着花粉粒的减少，幼果相应也变小。

基于以上原因，人工辅助授粉今后将成为梨树生产的常规技术之一。

（二）人工辅助授粉的方法

1. 引蜂授粉 在授粉树占全园的 20%以上，配置又较均匀的梨园，为了提高坐果率，在开花期可以从外地引进蜂群。一般每 10 亩梨园引放一箱蜂较为适宜。方法是在开花前 2～3 天，将蜂箱放在园内，以便蜜蜂能熟悉梨园情况，远飞传粉。此外，应用传粉昆虫壁蜂，也可取得较好的效果。

壁蜂的种类很多，分布范围广。我国专门为果树授粉的壁蜂有 5 种，即紫壁蜂、凹唇壁蜂、角额壁蜂、叉壁蜂和壮壁蜂。其中以凹唇壁蜂和角额壁蜂在山西省应用较多。

壁蜂一年 1 代，只在梨树开花期出巢活动，其他时间一直在巢内生活，不需要人工饲养，管理简便。其授粉效果是一般蜜蜂的 80 倍，每亩梨园只需 50～100 只，则可明显提高梨的坐果率，并提高产量和质量。蜂种可于春节前后从有关单位引种。蜂巢可用废报纸做成长 15 厘米，内径 6～7 毫米的纸筒，一端封闭，一端开口，也可用粗细相当的芦苇，截 15 厘米长，一端留节即可。每 50 支巢筒捆一捆，大箱为 12 捆，小箱为 6 捆，筒口朝向一方开。初花前 5 天，将蜂箱分散于梨园，每 2 000 米^2 左右放一箱，距地面 40 厘米，开口朝南，将蜂种（茧）放入巢箱内，2～3 天成蜂则出来活动给梨树授粉。此时应保持蜂箱附近有湿泥土，谢花后 10 天左右将蜂箱收回，置于室内保存。蜂箱取回后，挑出做巢的巢筒，集中装入尼龙纱袋内，挂于阴凉处或冬季不取暖的空屋里。春季后取出越冬茧装入罐头瓶中，保存于冰箱、果库、地窖等温度较低的地方。待下年梨树开花前 5 天取出放蜂。

2. 挂罐与振花枝授粉 授粉树较少，或授粉树虽多但当年授粉树开花较少的梨园，在开花初期剪取授粉品种的花枝，插在水罐（或广口瓶）中，挂在需要授粉的树上。挂罐后，若传粉昆虫较多，如蜜蜂、壁蜂类，开花期天气晴朗，一般有较好的传粉效果，但应调换挂罐位置，以使全树坐果均匀。

3. 鸡毛掸子授粉 当授粉树较多，但分布不均匀，主栽品种花量少时，可采用鸡毛掸子授粉法。具体方法是当主栽品种花朵开放后，授粉品种花粉散粉时，用一长杆绑上鸡毛掸子（软毛的），先用毛掸子在授粉树上滚动粘取花粉，然后再移动到主栽品种花朵上滚动，使之授粉，这样反复进行而互相传粉。

4. 授粉器授粉 采用授粉器授粉首先要采集花粉。采集花粉时间和方法：选好计划用于授粉的品种，当该品种花朵刚露瓣的气球期进行摘花（配合疏花），用镊子将花药取下后，可以进行日晒或在距 40～100 瓦灯泡 30～40 厘米处加温（25～30℃）干燥。待花药开裂，用 60 目细筛除去杂质提取纯花粉，随取随用，发芽率可达 80%左右。也可放入密闭容器内在 0～5℃的低温下长时间贮存，用于下年授粉，效果也很好。

将采集的花粉，加入 2～4 倍的滑石粉，过细筛 3～4 次，使滑石粉与花粉混匀，装入授粉器，对需授粉树喷撒。

5. 人工点花授粉 在授粉树少或授粉树当年开花少，尤其是开花期遇到连日阴雨和梨花遭受冻害，有效花大大减少时，采用人工点花授粉。点花授粉可用软橡皮、纱布团、纸棒等多种工具，其中，以纸棒最为简便。纸棒用旧报纸裁成 15～20 厘米宽条，紧卷成铅笔粗，一端削尖，磨出细毛。点授时，用纸棒粘取少量花粉，在花柱上轻轻一抹就可以了。人工点花授粉应该在上午或下午进行，尽量避免在早晨有露水和中午高温时授粉，授粉时每 20 厘米左右选 1 个花序，每个花序点授 2 朵花。

6. 液体授粉 液体花粉喷布授粉技术，容易使花粉在树上均匀周到，操作速度快，能提高工效。

花粉溶液的配方：水 10 千克＋砂糖 0.5 千克＋尿素 0.03 千克＋硼酸 0.01 千克＋干花粉 20～24 克＋展着剂 6501 10 毫升（展着剂可用洗衣粉代替，浓度为 0.1%）。配制方法：按配方比例先把糖、水搅拌均匀，配成 5%的溶液，同时加入尿素，配成糖尿液，然后加入干花粉调匀，用 2～3 层纱布过滤除去杂质。喷前加硼酸以增强花粉活力，加展着剂可使花粉在溶液中分布均匀，迅速搅拌后立即喷布。

当一株树有 60%花芽的花瓣刚开放时，是最适宜的液体喷粉时间。液体喷粉的溶液要随配随用，要求在 1 小时内喷完。否则时间长了，花粉在溶液中会发芽而减效。喷粉时，喷头要离花近，做到快速、周到，喷布均匀，最好采用超低量喷雾器，用量少、速度快，一般每株盛果期树用溶液量为 0.1～0.15 千克。

就一朵花而论，在开花后 3 天内授粉，坐果率最高，可达 80%以上，4～5 天授粉坐果率在 50%左右，6 天授粉，坐果率在 30%以下。

二、疏花

关于疏花疏果，有“疏果不如疏花，疏花不如疏芽”的说法，即当花量过多时，可在冬季进行整形修剪时剪去一部分花芽。但冬剪时只可将中、长果枝的顶花芽剪去，对于玉露香梨树来讲，短果枝群较多，如疏这些芽，往往连果台枝也留不住，因此主要要在花期和幼果期进行疏花疏果来调整。一般情况下，壮年树的花芽占总枝数的 30%～40%，即可满足丰产的要求。

疏花的时期，可以从花蕾分离至落花前进行，且越早越好，这段时间较短，只有十几天，因此要组织好劳力集中突击。

疏花的方法为当花蕾分离能与果台枝分开时，将花朵疏掉保留果台枝。凡疏花的果枝，应将一个花序上的花朵全部疏除。这样经疏花的果枝生出的果台枝，在营养条件好的情况下，当年还可形成花芽。疏花应着重在花芽过多的弱枝和需要当年形成花的枝组上进行。本着弱枝少留、壮枝多留的原则，使花量在全树均匀分布。对于需要发出健壮枝条的花芽，如刻伤部位的枝条，当顶芽是花芽时，应及早将花蕾疏除。

山西省有许多地区因花期气候多变，恐疏花会影响坐果率，往往不进行疏花，要待坐果稳定后，进行疏果来调节着果量。事实上，疏花会节约大量珍贵的贮藏养分，会提高树体各部分的抗逆能力。而且，大量的花即使坐果后也要疏除，对于树体来讲，浪费过大。当然，是否要进行疏花，最好是进行一定量的比较试验，不要想当然地决定栽培措施。

第二节　果实管理

果品市场对梨果质量的要求有逐年提高的趋势，栽培技术只有紧紧跟上，才能取得高效益，满足市场需求。从栽培角度看，梨果的质量最低评价指标是果实个大，果面洁净，风味可口，耐贮耐运。随着科学技术的发展，果品还要向“无公害、绿色、有机”方向迈进。

一、果实的发育

经过受精后，幼果开始发育，直至果实成熟，白梨系统的早熟品种需 100 天左右，晚熟品种需 150 天的生长发育过程。有关的发育规律大致如下：

（一）果实膨大与果肉细胞数的关系

幼果的生长发育首先是形成种子，紧接着果肉的细胞分裂，使果肉的细胞数不断增多。这个时期需 20～30 天，早熟品种短一些，晚熟品种长一些。细胞分裂期过后，果实的细胞数量则不再增加。

其后，要靠每个细胞的生长使果实膨大，细胞分裂数量越多，以后每个细胞长得越大，果实就越大。

（二）果实膨大与养分的关系

果实细胞分裂期所需养分，主要来自树体内贮藏的养分。因此，上一年度营养积累的水平直接影响着果实细胞分裂的数量。在此期间，枝条生长、叶片展开等也同时需要树体积累的养分。充分理解树体积累营养的过程是非常重要的。当叶片充分展开后，叶绿素迅速增加，此时叶片也开始进行碳素同化作用合成新的营养提供给果实。根系也同时供给叶片和果实氮素及其他矿质营养。分裂后，细胞的长大则主要依靠当时吸收与合成的养分。因此，加强这一阶段的营养水平，对果实的膨大和品质的提高很重要。

从消耗树体内贮藏的养分转变到依靠新生叶片同化作用制造养分的阶段，称之为养分转换期。这是一个连续的过程，在栽培上非常重要。养分的顺利转换不仅对果实膨大有着重要的作用，同时对花芽的形成（生理分化）亦有很大的影响。因此，加强这一阶段之前的氮素及其他矿质营养的提供，采取相应措施提高叶片的光合能力，减少无效消耗是非常重要的。

（三）果实与枝叶生长的关系

梨果形成后迅速生长，此时也正值枝叶的快速生长期，枝叶与果实对养分的争夺是很激烈的，但这时从梨树本身的习性来看，养分向枝叶运输的量相对较多。直至果实形成的30天左右，短枝的叶片才停止生长；而健壮枝条的顶梢及梢上的叶片一直到果实形成后的70天左右才停止生长；剪口下的顶梢及叶片停止生长更晚。

在枝、叶、果争夺贮藏养分的时期，需要进行人工调整。当枝叶量少时，应减少结果量，若枝叶量大时则应控制枝叶的生长。这就需要在果树栽培上利用养分运转规律，不断应用调整技巧，使枝叶和果实的养分供应分配得以相对平衡。

（四）果点和锈斑的形成

果点是由幼果上的气孔在发育过程中形成的。玉露香梨果的气孔密布于整个果面。在发育过程中，由于气孔的两个保卫细胞破裂，出现空洞，而幼果的表层细胞在修补空洞时出现填充细胞，这些填充细胞木栓化，则出现果点。

当果面上的角质层受到损伤，或角质层不健全的部位表面细胞裸露于外部，受到热、药剂等刺激，也会形成木栓化的愈伤组织，木栓细胞呈浅褐色。如外界刺激加强，木栓化的层数增加，则可形成褐色至深褐色果点。当这些木栓细胞连成片时，就成为大面积锈斑。

二、结果适量指标及调整方法

以玉露香梨树为例，进入丰产期，成花量增加，为确保连年丰产并提高果品质量，一定要使其坐果适量。留果量过大将会使果实小且成花少，形成大小年结果；留果过少，果实个大但总产低。因此，在生产上要掌握一个适量的标准。由于品种不同、树龄不一、树势壮弱、栽培条件等各异，使每个单株的留果量都存在一个适量问题。在当前生产应用中如何掌握坐果适量的指标呢？

在一般管理条件下，单果重 200 克的玉露香梨，每个果需 1 000厘米^2 的叶片，其相应的叶果比为 20 左右，亩产 3 000 千克。这是一个可参考的指标，其他品种可根据果实的大小和成熟期，参考玉露香梨指标做调整。

三、疏果技术

（一）疏果时期

幼果“脱帽”（即落萼品种花萼脱落）后，或宿萼品种幼果明显膨大时，进行第一次疏果，称为间果。间果越早越好，第二次疏果称为定果，在幼果脱帽后 30 天内完成，最晚不得晚于 45 天（当幼果能够分出大小、歪正、优劣时越早越好。）

（二）疏果方法

间果的目的主要是为了减少结果果台的比例，使多余的花芽变成空果台，以利于在空果台的果台枝上再形成花芽。因此，间果时要将一个花序上的幼果全部疏掉。

定果时，除掌握留果量外，还要使保留在树上的幼果分布合理，并奠定优质的基础。因此，要选留果形标准、果面洁净、果个较大、无病虫害、无虎皮、无药害的幼果。生长势强的部位多留果，如健壮、直立、顶端枝组应多留，而生长势弱的细弱、下垂枝部位应少留果。

在一般情况下留单果，若花芽量不足时，也可留双果。

在一个花序上，应选留自下而上的第二至第四序位的果实。这些序位的果形发育多数符合本品种的特征。下位果实较短，上位果实较长。

玉露香梨在疏果时要注意，保证 15～20 厘米一个果；要疏去病虫危害果、歪斜果、宿萼果，保留果形端正的脱萼果，歪斜果一定要疏掉，否则将来也是次果；还有就是脱萼，脱萼果要保证在 70%以上。

四、果实套袋

（一）套袋的作用

梨果套袋能生产高档鲜果，已被国内外生产者公认。果实袋种类很多，梨果实袋的标准产品应起到以下作用：

1. 防治入袋害虫 在我国梨产区目前发现的入袋害虫有梨黄粉虫和康氏粉蚧两种。因为这些害虫的习性是在阴暗处产卵繁殖，一般的纸袋由于其袋体上没有经特定涂料配方处理，不仅不能防治入袋害虫，反而诱发了这些害虫的发生。实践证明，如果用报纸或其他近似果实专用纸袋制成的纸袋，当这些害虫的基数低时，第一年套袋只有少量危害，第二年危害率将大量增加，第三年危害率将成几倍、十几倍增加，这就会使梨树的病虫害消长趋向恶性循环，同时，也给生产造成损失，因此具备防治入冬害虫作用的果实袋，才能在梨树上应用。

2. 防治食心虫类蛀果害虫及果实病害 梨防虫果实袋对在果面及叶片上产卵的蛀果害虫（梨小食心虫、桃小食心虫、苹果小食心虫等）具有良好的防治作用。对于梨果病害（轮纹病、炭疽病、梨黑星病）亦有较好的防治效果。

3. 果点浅而小 梨果套袋延迟了果点和锈斑的形成，减少了因果面裸露而形成地大而深的果点及锈斑，使果面洁净度高，提高了商品价值。套袋的保护作用，推迟了果点及锈斑的发育过程，使套袋果实的木栓细胞层数少，颜色淡，果面上的果点不明显，从而改善了果实的外观质量。

4. 果面颜色美观 不同品种对果面颜色的要求各异，通过对梨果实袋原纸的色调光谱波长和遮光率进行调整，使各品种的果实颜色，符合高档果品的要求。利用不同种类的果实袋，可使鸭梨、雪花梨、酥梨、莱阳慈梨、锦丰梨等为鲜黄色；苹果梨等着色品种的色彩鲜艳；沙梨系统的赤梨由黑褐色转变成黄褐或红褐色；玉露香梨通过膜袋的选择，可以在梨的表皮着红晕，从而提高商品性。

5. 果面洁净无污染 果实袋在田间保护果实，不仅防止了灰尘、杂菌的污染。而且由于果实袋上的药物作用，减少了喷药次数，即使喷布防治叶片害虫的农药时药液也不会直接喷到果实上，这就减少了农药的残留。有些配方是专为生产绿色食品而组配的，这是目前开放绿色食品不可缺少的重要措施。

6. 延长果实的贮藏期 梨果套袋后，减少了病虫危害，使因病虫造成的烂果减少；采收时在袋的保护下，机械伤也大大减少，并且由于在装箱前解袋，果实失水少，果柄保持新鲜。另外，由于果实袋对光谱波长的选择适应了梨果的需要，使其出库后表皮不易变褐，延长了货架寿命。这些都是果实贮藏期延长的原因。实践证明，应用符合标准的果实袋，梨果黑心病较一般梨发生的晚。

（二）果实袋的种类

梨果所用的是膜袋，其不仅价格低廉，更重要的是可以提高其商品性。塑膜袋通常为 0.005 毫米的微孔透气袋，颜色有黑色、黄色、淡紫色、白色等多种，以浅色或透明袋应用较多，玉露香梨以用白色膜袋为主。袋口有扎绳，套袋后可扎紧袋口，以防止雨水、药液及害虫进入袋中。梨果实套袋除使用塑膜袋外，纸袋也广泛使用。酥梨、雪花梨等所使用的标准果实袋是用特制的梨果专用纸制成。其具有较强的耐水性、严格的定量及透隙度，具一定色调和透光标准。梨防虫果袋必须符合相关标准规定。

梨防虫果实袋由河北省农林科学院石家庄果树研究所研制，专用配方由中国专利局认定为发明专利，专利号 ZL. 90110023. 4。注册商标为“海河牌”。1994 年列入国家科委“国家科技成果重点推广计划”，项目编号农 11－3－1－2。

梨防虫果实袋的结构：由袋口、捆扎丝、丝扣、袋体、袋底、通气放水口等六部分组成。

（三）套袋方法

套袋在落花后 15～45 天进行，在疏果后越早越好。果点形成期在落花后 15 天即开始，如套袋过晚，果点已经形成，则套袋防锈以及使果点浅小的效果就会降低。

玉露香梨可在定果后（花后 15 天）就套袋，可防治早期病虫害，使果面光洁，提高商品率。通过选择膜袋，既可促进果面增色，同时膜袋也可减少风沙等不良气候对果面的影响。

对于黄冠梨等授粉树套纸袋的操作按照如下方法进行：梨果选定后，先撑开袋口，托起袋底，使两个底角的通气放水口张开，令袋体膨起，手执袋口下 2～3 厘米处，套上果实后，从中间向两侧依次折叠袋口，于丝扣上方从连接点处撕开将捆扎丝反转 90°，沿袋口旋转一周扎紧袋口。注意，切不可将捆扎丝整体拉下，捆扎部位宜在袋口以上 2.5 厘米处。果实在带内悬空，袋口尽量向上靠，袋口接近果台，以防止袋体摩擦果面。幼果入袋时，可手执果柄操作，同时要防止果柄受伤。防虫袋涂有农药，使用中注意防止人员中毒。防虫果实袋具有较高的湿度。套袋前，将整捆果实袋放于潮湿处，即用单层报纸保住，在湿土中埋放，或于袋口喷少许水，使之返潮、柔韧，以便于使用。

（四）梨果套袋的配套技术

1. 套袋前喷药 为防止套袋前病菌侵入，果实套袋前 7 天应喷洒防菌药剂。若套袋时间拉得过长或套袋期间遇较大降雨时，应对未套袋树第二次喷洒防菌药。

套袋前喷药一定要慎重，此期用药直接影响将来果实的商品率。套袋喷药既要杀菌、杀虫效果好，又要对果面刺激性小，建议选用先进剂型的悬浮剂、胶浮剂、水剂及水分散粒剂、可分散粒剂、干悬浮剂、水乳剂，不用有机磷杀虫剂，不用铜制剂，不用复方甲基硫菌灵、代森锰锌、多菌灵等含硫黄成分的杀虫杀菌剂，不用乳油制剂等。幼果期慎用硫酸亚铁、硫酸铜、硫酸锌及劣质磷酸二氢钾、磷酸二氢钾铵（有些含有刺激性的碳酸氢铵），以免刺激果面，造成隐形肥害。慎用对果面有腐蚀作用的劣质渗透剂和增效剂，这类药剂多采用玻璃瓶包装，应引起注意。

2. 套袋后的病虫害防治 防虫果袋虽具有防治果实病虫害的作用，但为确保套袋果实的正常生长，仍需很好地保护叶片。尤其要注意监测以下几种病虫害：

（1）梨木虱。在通常情况下，梨木虱并不直接为害果实，但叶片上梨木虱分泌的黏液滴在袋外并经小雨冲刷流至袋内后，会造成袋内果面黑斑。如被害叶片紧贴果实袋，其黏液渗入袋内，果实将形成凹陷形黑斑。因此，套袋梨树必须及早防治梨木虱。

（2）椿象。近年来，茶翅蝽大量发生。果实袋对防治早期椿象具有良好效果，但当果实长大后贴紧纸袋时则失去防治作用，若防治不及时，将会出现隔袋危害的现象。

（3）梨黄粉虫及康氏粉蚧。由于套袋时袋口扎得不严，虫口密度过大或害虫对配方农药已具有抗药性等原因，也有可能会发生危害。从6月中旬至8月下旬要随时抽样进行解袋检查。如危害率达5%以上时，要解袋喷药，喷后仍可套上原袋，也可打开袋底，从下向上喷布具有熏蒸作用的农药。

（4）梨黑心病等病害。当菌源过多，有可能出现病原菌随雨水流入袋内侵染的情况，因此，对于叶片病害的防治仍不可放松。

套袋时要注意避开高温。若套袋后气温过高（超过35℃），气候干燥或土壤干旱，则易出现日灼。因此，要根据当地气候条件，预计在套袋后15天内不会出现高温时，再适时套袋。如套袋后开始出现日灼，可在田间喷水或灌水加以缓解。

五、其他管理措施

（一）新梢管理

一般果实有光照条件越好品质越好的倾向，通过夏季新梢管理可改善树体光照条件，使全树果实都有较充足的光照。此外，改善树体光照还可使枝条芽体充实，停止生长的中短枝顶芽迅速进入花芽分化阶段，有腋花芽特性的品种可在发育枝上形成腋花芽。

新梢管理主要有抹芽、疏枝、拉枝。在早春，要将主枝、侧枝等大枝背上及剪锯口等处的萌芽进行选择性的抹除。到夏季，过旺生长的枝条如过密要疏除一部分或牵拉改变着生角度，做到既要占满空间，又不相互遮阳。

（二）摘叶

摘叶就是在果实接近成熟期时，将贴近果实的叶片摘除，使果实完全处于充足阳光下，此措施对提高果品的含糖量及着色度很有帮助，可以大大提高梨园精品果的比例。

（三）铺反光膜

通过反光膜提高叶片光合能力，对于提高果实品质作用很大，这项技术在苹果栽培上已得到广泛应用，在梨树栽培上应用尚少。可根据各地条件，在果实近成熟期进行铺反光膜比较试验，逐步推广。

六、采收

当果实内种子呈黄褐色，品种风味已具备时进行采收。采收时，采收人员要戴手套作业，连同果实袋一并摘下，摘收果实要轻拿轻放。所用筐篮要铺好衬垫。采摘时用手掌托住果实，手指顶住果柄，向上或向旁推举，使果脱离果台，切不可抓住硬拉硬拽。放入筐篮时也不得手提果柄，应拿住果面轻轻放入，注意果柄放在果间隙处，不可放在果面上，以防刺伤梨果。

采收质量的好坏，也是贮藏的关键，其直接影响到最后的好果率和商品性，若在劳动力许可的情况下，最好是在树下进行分级，先挑选出优质果，然后剪去果柄，同时套上网套，小心翼翼地放入周转箱，最后搬入预冷的冷库及时进行贮藏，当需要出库装箱时再解袋分级。这样可保持果实水分，防止果面污染。

玉露香梨成熟较早（晋中地区 8 月底 9 月初成熟），属中熟品种，但与普通中熟品种相比，具有与晚熟品种相同的耐贮性，是其他同期成熟品种不可比拟的。

第八章 贮藏保鲜

水果采后仍然是活体，含水量高，营养物质丰富，保护组织差，容易受机械损伤和微生物侵染。根据水果采后的生理特性，创造适宜的贮藏环境条件，使水果在维持正常新陈代谢和不产生生理失调的前提下，最大限度地抑制新陈代谢。因此，选择贮藏方式和设施，维持贮藏环境的适宜温、湿度或气体成分是我们首先要考虑的问题。

梨果作为一种大众水果，也是属于易腐商品。要想将新鲜水果贮藏好，除了做好必要的采后商品化处理外，还必须有适宜的贮藏设施，从而减少水果的物质消耗、延缓成熟和衰老进程、延长采后寿命和货架期，有效地防止微生物生长繁殖，避免水果因侵染而引起腐烂变质，营养流失。我国在 1949 年后也建造了一些机械式冷库，但主要用于贮藏水产品和畜产品，将冷库用于水果的商品贮藏则是 20 世纪 70 年代才开始的。

山西省农业科学院果树研究所贮藏加工中心和农产品贮藏保鲜研究所对梨的贮藏保鲜做了大量的研究工作，现根据其研究结果做介绍。

第一节　常规梨果贮藏保鲜技术

一、梨品种贮藏特性

梨的品种不同，耐贮性差异较大。有些品种如西洋梨系品种巴梨和茄梨，果实成熟后，果肉易软化。这些品种在自然低温下不能久存，只有在冷藏条件下才能较长期贮藏。一些成熟后脆肉品种，如白梨、沙梨系品种（如雪花梨、鸭梨、酥梨等），比较耐贮藏，但品种之间有差异。还有一些品种在采收时果肉酸涩粗糙，必须经过长期贮藏品质改进后才能食用，这些品种极耐贮藏。

二、梨果贮藏生理特点

梨是具有呼吸高峰的果实，生长发育在后期进展较快，成熟前体积和重量显著增加，除有机酸在生长发育前期累积外，糖和淀粉都在后期迅速积累，淀粉在成熟时也转化为糖。与苹果相比，梨果的呼吸和衰败更快，应采用有效的方法尽快降低果实的温度，创造良好的条件以推迟呼吸高峰的到来。

三、梨果采收期

采收期直接影响梨的贮藏效果。对在夏秋季成熟的梨，最好在成熟初期采收，晚熟的品种可在完熟时采收。一般认为，确定适贮采收期的标准为：梨果内种子的颜色由尖部变褐到花籽；果皮颜色黄略具绿色或绿中带黄；果肉硬度达到5.5千克/厘米^2；可溶性固形物含量10%以上。当80%左右的果实达到上述标准时，即可采收。贮藏期较短或进行冷藏时，可适当晚采。梨不同品种采收期各异。一般是采收较早的，贮藏后腐烂损失小，晚采收的易产生生理病害并增加腐烂率。

四、梨贮藏的适宜温度

贮温对于梨的贮藏寿命有很大影响，中国梨的适宜贮温一般为0℃左右。大多数西洋梨品种的适宜贮藏温度为－1℃。梨采收后需尽快冷却到适宜低温，否则会大大缩短贮藏寿命。但有些品种采收后立即入低温环境易发生低温伤害，如鸭梨，生产上采用缓慢降温措施可避免初期黑心病的发生。

适宜贮藏的相对湿度是85%～95%，在较高的湿度下可阻止果实水分蒸发，从而降低自然损耗。梨若失水达5%～7%，则出现皱缩而影响外观。

五、梨的贮藏方法

进行梨的贮藏时，首先要把好入贮果品的质量关，做好预冷以及库房用前的准备工作；搬运码放时轻拿轻放；管理过程中经常观察和调控库内的温度、湿度。贮藏中一般不容易腐烂变质，但要定期抽样检查商品的质量，以确定可行的管理措施和贮期。

贮藏方法主要有窑洞、通风库贮藏、冷库贮藏和气调贮藏。果实采收后，由于气温尚高，果实带有大量的田间热，需在棚下进行预冷，待果温度降低后再入库。

（一）窑洞和通风库贮藏

在秋季和初冬要在夜间打开所有通风孔和门窗，以降低温度；冬季时注意防寒，关闭通风孔和门窗，按时打开调整温度。春季气温上升时，又要白天关闭通风孔和门窗，夜间打开通风。

（二）冷库贮藏

采用机械制冷，将库内温度和湿度控制在最适的贮藏范围内，可以明显地延长梨果实的贮藏寿命。对采收较早、入库及时的梨，可逐步降温达到设定温度；对晚熟品种和入库较迟的梨，可快速降温。

（三）气调贮藏

通过调控气体成分来延长保鲜期的贮藏方法。不同品种对气体成分的要求不完全相同，必须通过试验和生产实践来确定。

1. 小包装贮藏 用0.04～0.06毫米厚的聚乙烯薄膜袋装果

20～35 千克，封袋后常温贮藏，可形成二氧化碳 3%～5%、氧 3%～6%的气体成分组合，比一般的常温贮藏多贮 3～4 个月，若在 0℃条件下贮藏，5 个月后，好果率仍可达 99%。

2. 大帐贮藏 用 0.06 毫米厚的聚乙烯薄膜做成气调大帐，将梨装入木箱或果筐内，根据温度调节气体成分。在温度为 5℃时，可将气体成分调节为二氧化碳 2%～3%、氧 3%～5%。在 0～2℃下贮藏 6 个月的莱阳慈梨，好果率达 92%以上。

3. 硅窗袋贮藏 制作一个大小为 2.5 米×1.2 米×1.2 米的大帐，在一侧镶嵌 0.15 $米^2$ 的 D45－M2－1 型的硅橡胶窗，可装入 500 千克梨果实，在 0～2℃条件下可贮藏 6 个月以上。

六、贮藏期病害

（一）生理病害

主要有二氧化碳伤害和缺氧伤害。

梨受二氧化碳伤害的特点是果肉不绵，组织坏死部分也有弹性，所以硬度不减。受害部分明显，有时出现空洞，有的品种出现褐变。如莱阳梨贮藏 145 天，在氧气 2%～4%、二氧化碳 2%条件下，果皮鲜绿，果梗鲜绿，果肉多汁、脆甜、无褐变；在氧气 8%～10%、二氧化碳 6%～8%条件下，100%轻度褐变；在氧气 3%～5%、二氧化碳 8%～10%条件下 100%严重褐变。

梨对二氧化碳伤害的敏感性与其成熟度关系密切，梨的褐心病随成熟度增加而增加。此外，不适宜的低温也能加重二氧化碳伤害的发生。

（二）真菌病害

梨真菌病害主要有轮纹病、褐腐病、青霉病、炭疽病、黑斑病、毛霉病等。要根据不同品种及不同年份的发病情况用化学药剂处理果实。如用 1 000～2 500 毫克/千克的噻苯咪唑或 500～1 000 毫克/千克的苯醚特、多菌灵药液浸泡，对梨青霉病和炭疽病，都有较好的防治效果。晾干后再进行包装。

1. 轮纹病 病菌以菌丝和分生孢子器在病枝干上和病果上越冬，每年4～6月形成分生孢子，是最主要的初侵染源，7～8月果园散发的分生孢子最多，孢子随雨水冲溅传播。孢子萌发后从皮孔侵入枝干和果实。进入幼果后不发病，呈潜伏状态，至果实成熟期开始发病，贮藏期大量发病。孢子在梨果整个生长期均可侵染，但以幼果期最多。

防治方法：参看病虫害防治部分。

2. 青霉病 青霉病是贮运期的病害。由于菌源发布广泛，所以对梨的危害也很严重。病原菌主要是由伤口侵入而发病，初期呈黄白色水渍状圆斑，果肉软腐，由果皮向果心呈圆锥形腐烂。扩展速度快，条件适宜时，7天就可致全果腐烂。在果窖内空气潮湿的条件下，病斑表面长出小疣状的霉块，起先为黄色，后变为青绿色，上面覆有一层青色粉状物，稍一吹则四处飞散，有霉气，这即为分生孢子。分生孢子随气流传播，又可蔓延发病。

防治方法：

①采果前3～5天，树上喷40％霉疫净500倍液洗果，喷至流水为度。

②采收一系列操作严守一个“轻”字，一切可能的机械伤尽量避免。

③一切病虫果严禁入窖。

④果窖和包装器具严格消毒，即用硫黄熏蒸。每立方米用硫黄20克，密闭24小时。也可用40％霉疫净500倍液撒果窖四壁和果箱、果筐，消灭病原菌。

⑤梨果入窖前用0.05％～0.1％山梨酸洗果，可大大减少青霉病的发生。

⑥入窖初期，尽量降低窖内温度，向0℃趋近，适当控制相对湿度在90％以下。

第二节　玉露香梨的贮藏

一、玉露香梨的贮藏特性

（一）果皮薄，失水快

玉露香梨果皮薄，果实含水量大，在无包装情况下，因库内相对湿度较低，随着冷风机的开启，果实本身的水分会随着冷风循环而蒸发掉，导致果实失水皱皮，新鲜度下降。如果使用保鲜袋，带内就会形成一个相对湿度较高的小环境，阻断袋内外水分交换，防止了果实水分蒸发，所以，在相对湿度较低的情况下，最好使用保鲜袋贮藏。实践证明，在0℃冷藏条件下，以贮藏箱内衬一高渗出二氧化碳的保鲜袋失重率最小，贮藏6个月只有0.47%，对照（无包装）的失重率高达3.75%。

（二）果皮易被刺伤

在贮藏过程中发现几乎所有腐烂果都是由机械伤引起的，而大部分伤口又是由于果柄刺伤引起的，这是因为玉露香梨的果皮薄而果柄坚硬，在采摘、挑选、分级、包装过程中很容易刺伤果皮，造成伤口，引起腐烂。所以，在采摘时最好将果柄剪掉，这样就可尽量避免造成机械伤，从而大大降低腐烂率。这项技术实践证明是非常有效的。

（三）要求较低而稳定的贮藏温度

比较玉露香梨在入贮温度为10℃的土窑洞和入贮温度为0℃的冷库的贮藏效果，结果是0℃冷库的贮藏效果远远好于土窑洞。贮藏6个月，0℃冷库的好果率为96.9%，而10℃土窑洞的好果率仅为67.0%。同时，冷库贮藏的梨也没有果心、果肉褐变现象，风味正常。这是因为10℃的较高温度不能很好地控制一些致病微生物的滋生和蔓延，导致腐烂率增高。所以在贮藏中要尽量控制低的环境温度，以 0℃为宜。

（四）要求适宜的二氧化碳、氧气气调贮藏参数

玉露香梨比鸭梨、雪花梨耐二氧化碳，可以忍耐 4%的二氧化碳浓度。这为保鲜袋的使用提供了理论依据。选择厚度为 0.02 毫米，对二氧化碳有较强透性的保鲜袋贮藏玉露香梨可达 6 个月以上，果实新鲜饱满，汁多肉脆，口感甚好。适宜玉露香梨气调贮藏的气体参数是二氧化碳 2%～4%、氧气 3%～5%。

二、采收

（一）采收期的确定

果品的贮藏质量和贮藏效果与采收期有很大关系，所以采收期的确定至关重要。采收期的确定一般根据果实底色转变、着色程度、种子颜色、果实硬度、可溶性固形物含量和盛花期后的天数等多项指标综合判断。当玉露香梨阳面红色条纹开始显现、可溶性固形物含量达到 10%以上、种子变褐时即可采收。

（二）采收质量的控制

采收质量的好坏也是贮藏的关键，直接影响到最后的好果率和商品性，所以，一定要引起重视。需要长期贮藏的梨都要求人工采摘，采摘时要戴手套或剪指甲，提倡剪果柄。在装箱和运输途中要尽量轻拿轻放，避免挤、压、碰、刺等机械伤。

（三）分级挑选

分级挑选主要根据果个的大小进行，这道工序一般在田间采收时完成，也可在预冷后装袋前进行，在分级的同时挑出病虫果及机械伤果等次果。

三、贮藏

（一）入库前的准备

在采收前应提前准备好贮藏用的包装箱、保鲜袋和托盘等，提前对库房进行消毒，还应对冷库的设备进行维护和检修，使之处在良好的工作状态，提前一天开机降温，使库温保持在0℃±0.5℃。

（二）预冷

预冷的目的是排除田间热，将果实温度迅速降到贮藏要求的温度，这也是果品贮藏的一个重要环节。采收后的梨果应及时入库预冷，最好采用塑料箱或木条箱，预冷温度控制在0℃，预冷时间以果心温度达到要求的贮藏温度为宜，一般需16～24小时。

（三）装袋、封箱、码垛贮藏

实践证明，在机械制冷库内贮藏玉露香梨必须使用保鲜袋，这样一方面可防止水分损失，保持鲜度，提高商品性，另一方面还可以起到微气调作用，延长果实的贮藏期。在保鲜袋的选择上要注意选择对二氧化碳透性高的保鲜袋，不是所以保鲜袋都能用。由于保鲜袋极薄，必须有外包装才能码垛贮藏，外包装选用塑料箱、木条箱或防潮纸箱均可。具体做法是先在包装箱内衬一同样大小的高渗出二氧化碳保鲜袋，然后将预冷过的梨整齐摆放在箱内，以10～15千克为宜，扎紧袋口后封箱码垛。码垛前应摆好托盘，果箱摆在托盘上，目的是让果箱与地面之间留有一定的空间，便于空气流通。在码垛时要注意在垛与垛之间、垛与墙之间留出10～15厘米的通风道。顶部留出50～60厘米的空间，便于冷风循环。

（四）贮藏期管理

贮藏质量的好坏，温度是关键。在整个贮藏期内都要严密监视贮藏温度，严格控制贮藏温度，保证库温在0℃，不低于－1℃，还要保证库温不上下波动。在贮藏期间要定期进行通风换气，主要是排除贮藏过程中产生的二氧化碳、乙烯等不良气体，保证梨果不受伤害。通风换气一般每周 1 次，每次 15～30 分钟，在早晚气温较低时进行。另外，还要定期对梨果的贮藏质量进行抽样检查，发现问题及早解决。

在贮藏期仍要注意梨果的观察保护，发现因挤压出现果面褐化的果实及时处理，这些果面褐化果实时间一长，下面的果肉会变苦，不堪食用。这会使贮藏效益受到很大损失，所以在采收、运输、入库等一系列管理上要注意轻搬轻放。

第九章 防灾减灾

农业生产是和自然不断博弈的过程，经常遭受到各类灾害威胁，如寒、热、旱、涝、风、雨雪、霜、雹及病、虫、鸟、兽等，还有些是人为的因素，如工业生产造成空气污染以及在果园日常管理中出现失误等形成的灾害。梨树作为多年生作物，又有区别于其他作物的特殊性，了解这些灾害，采取必要的措施，避免和减轻灾害造成的损失，力争达到果树早果、丰产、优质的目的。经果树工作者多年摸索，有些灾害如各种病虫害，已经得到有效控制，但在生产实践中，仍有些许多问题需要引起重视。

第一节　幼树安全越冬

一、新栽幼树越冬问题

山西冬季寒冷多风，幼树安全越冬是梨树栽培时首先遇到的问题。因大部分地区冬季土壤冻结层在 1 米以上，幼树根系尚浅，吸水困难，在冬季或早春经常会发生枝条失水干枯现象，轻者部分外围枝条抽干，枝皮皱缩，芽不萌发，重者危及大枝干，甚至地上部全部死亡。当年栽植的幼树往往全株死亡，而三年生幼树一般根系不会受害。受害树春季在受害部位以下可发出新的枝条，经细致管理，可重新形成树冠，如管理不善，下年还会发生抽条，造成园貌不整齐，影响幼树适龄结果和早期丰产。

二、安全越冬方法

（一）提高树体越冬性

应用综合措施，抑制秋梢生长，使之及时停长，促进营养物质积累和保护结构的完善，提高枝条自身的保水能力，增强越冬性。

1. 追肥与灌水 本着“前促后抑”的原则，7月前灌水2～3次，使其迅速生长，扩大树冠，7月以后停止灌水，直至11月初灌冻水。在控水期间，还要做好排水工作。追肥一般结合前期灌水于5月追少量氮肥，7～8月追施磷、钾肥。生长后期结合喷药叶面喷施1～2次磷酸二氢钾，促进枝条充实成熟。

2. 保叶 为提高树体贮藏营养，应注意叶片的保护，及时防治早期落叶病及红蜘蛛、毛虫等，保证叶片完好。

3. 控长 采取措施控制枝条后期生长，减少养分消耗，增加树体贮藏营养。一般于8月底到9月中下旬对未停止生长的新梢进行摘心，若摘心后再萌发，进行再次摘心。对长枝拿枝软化，开张角度，抚养枝拉平，可以控制旺长。生长后期于8月中下旬连续喷2次500毫克/升的多效唑，可抑制秋梢生长，具有预防抽条的效果。

在行间不要间作秋菜类蔬菜，如萝卜、白菜、菠菜等。一为减少用水量，避免枝条因土壤湿度大而贪青徒长，二为减轻浮尘子危害。

（二）防治浮尘子

浮沉子俗称“菜蚂蚱”，产卵于当年生枝条上，以月牙形的卵块破坏皮层结构，会加剧幼树水分蒸发，造成抽条。一般于9月下旬至10月上旬浮尘子产卵期，在树上、间作物和杂草上喷菊酯类杀虫剂。要搞好后期的果园清洁工作。

（三）进行树体保护，减少枝干水分散失

1. 铺覆地膜 为创造良好的根际小环境，在树冠下覆1～1.5米

见方的地膜，可明显地提高根际温度，保护根系，推迟根系休眠。

2. 埋土防寒 幼树埋土防寒是最安全的保护方法。其做法是在土壤冻结前，在树干基部先垫好枕土，然后将幼树轻轻弯曲压倒在枕土上，再培土压实，要求枝条不外露，培土厚度15～30厘米。要特别注意树干弯曲部位的厚度。翌春萌芽前挖出扶直。此法操作简单，易于掌握，但梨树枝条较脆，在弯倒容易劈裂，因此要看实际情况，灵活掌握应用。

3. 缠裹塑膜 把地膜裁剪成3～5厘米长条，将枝条逐一细致缠裹起来，注意要尽量严密不留空隙。

4. 树体喷保护剂 保护剂是一种抑蒸剂，喷涂到枝干上形成保护膜或抑蒸膜，从而减少水分蒸发。保护剂于1月下旬和2月中下旬各喷1次。常用的保护剂有2%～3%聚乙烯醇，羧甲基纤维素100～150倍液和石蜡乳剂5～10倍液等。

5. 树干涂白 即涂石灰液（水10份，生石灰3份，食盐0.5份，石硫合剂0.5份，豆面0.1份）。

6. 兽害防治 秋季防止野兔等啃食树皮。

第二节 花期避免晚霜危害

一、花期晚霜危害

山西省每年4月或早或晚，常有寒流到来，正逢梨树芽萌发期、开花期或幼果期，造成不同程度的损失。萌动的芽遭受霜冻后，外观变褐色或黑色，鳞片松散，不能萌发，以后干枯脱落。花蕾期和花期遇霜冻，由于雌蕊不耐寒，轻霜冻即可冻坏雌蕊花托，而花朵照常开放；稍重时可冻坏雄蕊，严重时花瓣变色脱落。受冻花的花柱呈褐色，萎蔫，其胚珠呈黑褐色，受冻轻者仅少数胚珠呈褐色、淡褐色，有些花柱未变褐，但胚珠呈褐色幼果受冻，生长发育慢，脱落或畸形。有些幼果仅表皮受冻，受害处皮褐色，以后逐渐干枯、翘起、脱离，在果面形成木栓化组织；果顶部（近萼洼处）受冻往往使果形变短。霜冻时处于蕾期、初花期的品种受冻后多于果实中部形成一圈木栓化组织，该处略下陷。未坐果者花梗逐渐变黄，形成离层，5 月 1 日后大量脱落。脱落幼果中除胚珠褐色的受冻果外，还有一些胚珠白色的幼果，可能是授粉受精不良所引起的自然落果。幼叶受害，叶缘变色，叶片变软，以致干枯（表 9-1）。

表 9-1　梨树花期受冻害危险温度

单位：℃

树种	花蕾期	开花期	坐果期
梨	－2.2	－1.7	－1.7

二、影响冻害的因素

（一）花朵处于不同物候期

处于盛花末期、终花期（花瓣残落，幼果如绿豆、黄豆大时）易受冻，蕾期、初花期抗寒性较前者为强。具文献报导，梨树花期受冻的临界温度为：蕾期（花蕾闭合，但开始显色）－1.65～－3.85℃，开花期－1.65～－2.2℃，受精期（幼果期）－1.10～－1.65℃（表 9-2）。

（二）不同品种冻害率不同

各系统、各品种的花期抗寒性与所处的物候期有关。如白梨、沙梨的物候期相近（当时正处在盛花末期至终花期），但沙梨的平均冻害率高于白梨，说明其抗寒性略差。西洋梨的冻害较轻，与其开花迟（当时正处在花蕾期至初花期）有关。秋子梨开花最早，受冻最轻，可能是花期抗寒性较强。

（三）不同树龄抗寒性不同

同一品种的小树受冻率较大树为重。树冠下部比树冠上部冻害严重。发生辐射霜冻时，在地面一定高度范围内的逆温层中，越向上气温越高，霜冻危害减轻。

（四）栽培条件对抗寒的影响

不同地点、不同管理水平的果园及同一株树不同方位冻害率不同。堤堰下、低洼地容易积存冷空气，容易受冻。有的树因南面的花开的早，所以其南面的冻害率比北面的高。连年结果、树势较弱的植株易受冻（表 9-2、表 9-3）。

表 9-2 不同品种间的冻害率

（山西省农业科学院果树研究所，1979）

单位：%

品种	苹果梨	鸭梨	酥梨	慈梨
花序冻害率	48	31	7	23
花朵冻害率	78.3	67.0	34.5	53.8

表 9-3 不同树龄花期受冻率

（山西省农业科学院果树研究所，1979）

品种	树龄（年）	花序冻害率（%）	花朵冻害率（%）
酥梨	20	7	34.5
酥梨	9	90	95.2
晋酥（一）	20	0	7.7
晋酥（二）	9	15	46.3

三、预防方法

（一）熏烟

用作物秸秆、落叶或野草作为燃料，里层为干燥的柴草，中层为潮湿的野草，外面再盖一层薄土，堆高 1～1.5 米，堆底直径 1.5～2 米，每亩 3～4 堆。在凌晨 2：00 左右（霜冻发生前），气温下降到 2℃时点燃。可考虑用废机油、锯末和硝酸铵混合制成烟雾剂。据报道，有较好的防霜冻效果。放霜烟雾剂选择取材容易、成本低廉、发烟量大、持续时间长的为好。朔县果树场杨月印试制的烟雾剂如下：

配方：（重量比）锯末 30%，硝酸铵 25%，柴油 10%，煤粉 35%，装量 0.75 千克，发烟时间 16 分钟，烟雾量大、浓。

制法：先将锯末炒干或晒干过筛，再将有烟煤碾压或球墨成粉过筛，硝酸铵过筛。三者按比例混合，加入柴油，充分搅拌，用水泥袋糊成直径 30 厘米、高 35 厘米的袋，将材料填入压实，使用时，每袋放入长 16.7～23.3 厘米的麻炮火药捻，下端盘成圈，袋外露 3.3 厘米左右点火用。

第一排可按 10～20 米距离放置，第二排按 20～30 米距离放置，排距 150 米。每 100 亩用量 300 千克，成本极低。如风速较大，可相应加大用量。

据试验，在风速 1 米/秒情况下，用总量的 1/2，从点烟到形成增温效应的烟幕大约需 20 分钟，其增温稳定时间为 40～60 分钟。在今后的烟雾防霜中，务必在气温下降到花期临界低温前 20 分钟点烟。烟雾稳定时间必须持续到气温回升到临界低温之后，否则降温速度加快，反而加重冻害。

（二）树下灌水、树上喷水

水的热容量大，对气温变化具有调节作用，下霜前及时抢灌，可以有效地防止或减轻霜冻危害。另外，下霜前树上喷水，也有利于缓和霜冻。

（三）加强授粉

花期放蜂传粉和人工授粉。授粉可以促进子房中一些营养组织的发育，从而增强花器的抗逆性。

(四) 受害果园管理

受冻害的果园，要充分利用晚茬花，增加果品产量，适当晚疏果、多留果，搞好套袋，提高果品的产量和质量；受冻花、果、枝、叶恢复稳定后，及时进行修剪，剪去冻伤严重不能自愈的枝叶和幼果，疏除影响光照的密挤枝、徒长枝，以调整枝量，促进花芽形成和果实发育。

第三节　夏季雹灾

目前各地果树预防雹灾经验，就是设立防雹网。受雹灾后，其叶片光合作用及抗逆性下降，应加强管理，减轻损失。

受灾后管理措施如下所述：

1. 及时施肥　树上喷叶面肥，促进受伤植株枝叶和果实恢复生长，叶面肥以氨基酸类肥料为好，可选用300倍液的氨基酸微肥，或用300倍液的磷酸二氢钾溶液，每隔10天左右喷一次，连喷2～3次。

2. 防病防虫　主要有轮纹病、早期落叶病、红蜘蛛、食心虫等，可用600倍液的抗菌灵＋1 500倍液的吡虫啉＋300倍液的氨基酸微肥进行喷施，若将根外追肥与喷施药剂结合进行，则效果更好。

3. 摘除残果　雹灾过后，及时将受伤特重的果实摘掉，集中清理出园。

第四节　夏季高温干旱

山西省梨园多建在丘陵地带，有不少旱地梨园仍要靠天吃饭，到夏季容易受到干旱天气的侵扰。所以，要尽量保存土壤内降雨得到的水分，减少水分的蒸发流失，以抵抗干旱天气所带来的不利影响。

一、高温对果树的影响

（一）组织灼伤

一般落叶果树在生长期温度在30～35℃时，其生理过程会受抑制，50～55℃时即受严重伤害。果树受到热害后，常表现出树皮干裂，树枝灼伤；叶片出现坏死斑，叶色变褐、变黄；果实受到轻度影响时表现出成熟期延迟，果小，色泽、香气、品质和耐贮性变差，受到重度影响时则组织灼伤。

（二）正常生理活动受影响

超过温度补偿点以上高温时，使果树叶片光合作用与呼吸作用的平衡遭受破坏，呼吸大于光合，消耗贮藏养分。高温促进树体水分蒸发，破坏了水分平衡，导致叶片萎蔫、脱落，枝梢干枯。高温会加速枝梢生长发育，缩短生育期，使叶片早衰。

因营养积累受影响，致使果实不能正常发育，花芽分化不良。

二、干旱对果树的影响

（一）根系活动受阻

根对干旱的抵抗力要比叶片低得多，干旱时，根系木质化加快，自疏现象加重，出现萎蔫远比地上部早。在严重缺水时，叶片夺取根部的水分蒸腾，不仅使根系生长和呼吸停止，还会加重根腐病等根部病害的发生。

（二）叶片受损

严重水分胁迫促使叶片衰老，加速离层形成而脱落，并使叶片产生灼烧，也就是生理性落叶。

（三）果实发育受阻

果实内80%～90%为水分，保证水分供应是果实增大的必要条件，特别是细胞增大阶段，此时若水分不足，持续时间长，因缺水使果实生长减少的量，也不能通过随后的供水而弥补过来。当树体内水分亏缺时，叶片往往从果实中夺取水分，满足蒸腾的需要。因此在水分不足时，首先使果实内水分亏缺，进一步缺水，则果实停止生长，以致萎蔫。

三、防御高温干旱危害的措施

（一）改良土壤，增施有机肥

使梨园土壤具有良好的疏松度与较高的有机质含量，增加土壤的持水能力，以肥保水。同时优质深厚的土壤结构促进植株形成深厚的根系，有利于吸收更深层的土壤水分，这项工作主要在建园前做好，也可通过开沟、打孔等措施来改良成年果园的土壤。

（二）科学施肥

根据土壤肥力和果树的生长、结果情况，以及不同生育阶段果树的需肥特点，进行合理的配方施肥，确保适时适量适法施用，及时满足树体对各种营养元素的需要，可使树体生长发育健壮，提高其耐旱力。另外，磷、钾肥可增强树体的抗旱能力，合理施用磷、钾肥是提高树体抗旱能力的有效措施。合理的配方施肥，形成健壮老化的果树体质，健壮老化的树体可以减少水分的蒸腾，还能贮藏更多的水分。

（三）园地生草覆盖

实践证明良好的活草层对减少土壤水分的蒸发效果明显，同时在行间用秸秆、杂草、地膜等对果园进行地面覆盖。覆盖时注意用土压好覆盖物，防止火灾和风吹。覆盖是减少地面水分蒸发的根本措施，宜在早春进行。没有进行地面覆盖的果园，应经常对园地进行划锄，使表土细而松，防止土壤水分上升到地面而蒸发掉，同时，划锄可清除杂草，减少杂草生长时对水分的消耗。

（四）合理修剪

修剪是调整树势强弱的重要措施之一，对旺长树，冬剪时应尽量少短截，以缓和树势，减少营养生长对水分的大量消耗；对衰弱树，应适当回缩，使树势、枝势健壮，增强树体抗旱能力。在果树生长期，及时抹除多余的萌芽，疏除多余的枝条，并对徒长枝、旺长枝进行疏除或短截、摘心，以减少枝叶数量，减少水分蒸腾量。同时，适当增加疏果量，减少负载，可增加树体的贮藏营养，提高树体的抗旱能力。

（五）喷施化学药剂

在枝条生长旺期，叶面喷施多效唑（PP_{333}）等植物生长延缓剂，抑制枝叶的快速生长，既可降低水分的蒸腾量，又可使树体生长健壮，提高其抗旱能力。此外，叶面喷施旱地龙、旱地丰、美果露及阿司匹林片等蒸腾抑制剂亦可有效降低水分的散失。

（六）穴贮肥水

穴贮肥水是省水、省投资，水的利用率较高的一种技术措施，有条件的果园可采用。在灌水同时可以随水进行追肥，给果树补充养分，草腐烂后可还原为腐殖质营养。具体的做法是：每树冠外围挑 2～3 个 33 厘米见方的小坑。坑内装满麦草或其他杂草，并加入 100～150 克磷酸二铵或其他肥料，上覆地膜，地膜上留一小口，然后灌水至坑满，小口上盖一瓦片。

（七）合理灌溉

有灌溉条件的梨园在高温干旱时，要注意进行科学合理的灌溉，满足叶片蒸腾和果实膨大对水分的需求，缓解高温干旱对树体的危害。合理的灌溉方法是，“少吃多餐”，适量灌水。由于干旱时间长，温度高，幼果果皮增厚，如一次性灌水量较大，幼果果肉生长快于果皮，势必容易引起裂果。因此水资源较好的地区，应先轻灌，隔3～5天逐渐加大灌水量，可减轻裂果程度。

通过喷灌设备，在傍晚或夜间向树冠和行间喷水或喷雾降温增湿，改善园内小气候，缓解高温和太阳直射对树体和果实的伤害。

（八）防治病虫害

气候干旱时，白粉病、果树锈病、树干腐烂病、穿孔病等发生严重，红蜘蛛、梨小食心虫、梨木虱等虫害也会大量发生。根据病虫害发生规律和特点，及时有效地防治好各种病虫害，是提高树体抗旱能力的根本保证。

第五节 夏、秋季避免雨后积水

山西在夏、秋季常有暴雨，暴雨过后常引起梨园积水，此时梨园土壤空气闭塞缺氧，很容易引起烂根，而使梨树死亡，所以，必须积极采用措施，避免造成损失。

避免积水有效措施有：

1. 疏通渠道，及时排水 暴雨后应立即疏通渠道，尽早排出果园积水，改善排水条件，保持果园土壤干爽，以恢复果树根系的通气条件。对水淹较重，短期内又不能及时清理淤泥的果园，要在果树行间挖排水沟，以降低地下水位。要清除污泥，使果树嫁接口露出地面2厘米左右。对表土冲刷的果园，则要尽早培土护根。对冲刷倾斜的果树，可以用支架扶正。把枝条和叶面上的杂物、污泥清除，最好用喷雾器喷清水清洗枝叶，以确保树体正常生理活动的进行。

2. 中耕晒土 当梨园排尽积水、土壤干后，应抓紧时间中耕晒土，可适当增加深度，将土壤混匀，土块打碎，一般可进行 1～2 次。对受涝而烂根较重的果树，应结合中耕扒土晾根，清除已溃烂的树根。

3. 及时追肥 洪水过后，各类果园可抓住墒情好的有利时期，及时追肥，如降雨在 8 月后可早施以有机肥为主的基肥。对水淹重的果园可在墒情降低后先进行深翻改土，然后施肥。

4. 加强病虫害防治 洪涝过后，须立即喷洒一次杀菌剂，如多菌灵、甲基硫菌灵等。洪灾过后的高温期，要密切注意根腐病、根朽病的发生，应对症防治。

第十章 常见病虫害防治

第一节 病虫害防治策略

一、病虫害防治的前期工作

1. 确定主要病虫害种类 危害梨树的病虫种类很多，据不完全统计，危害梨树的病害有100多种，害虫有697种（中国农业科学院果树研究所，1992）。但具体到每一个地区或每一个梨园，由于环境条件、品种、树龄和病虫害防治历史与现状及防治水平的差异，主要病虫害种类是不相同的，也是逐年变化的。因此，必须调查危害本果园病虫害种类，明确哪些是主要种类需要重点进行防治，哪些是偶发的次要种类，可以兼治，从而有的放矢地选择防治措施，制订综合防治方案。

2. 开展主要病虫害的预测预报 在确定主要病虫害种类基础上，对各种病虫害发生规律进行调查，找到本梨园主要病虫害具体发生规律以及有效的防治时间和防治措施，做到“以防为主，综合防治”。

3. 确定药物防治时机 药物防治病虫害是常规的防治手段，为明确是否进行药物防治、何时防治，必须在对病虫害预测预报的基础上，实际调查梨园病虫害发生程度，在尽量做到“治早、治好、治了”的同时，要考虑尽量降低防治成本，达到提高经济效益的最终目标。通常对于梨小食心虫卵果率达1%时喷药；梨大食心虫多果年份虫芽率5%以上，少果年份虫芽率3%以上，幼虫转芽率达50%时喷药，被害果达5%时喷药；梨叶斑蛾越冬幼虫出蛰率达50%时喷药。在病虫害尚未达到一定程度时，不选择使用药物进行防治，做到保护环境，维护生态系统的平衡。

二、病虫害防治方法

（一）农业防治方法

1. 加强肥水管理 生产实践证明，树势健壮，枝条充实，叶色浓绿，病虫害则轻；树势衰弱，枝条细弱，病虫害则重。如腐烂病等一些弱寄生性病害，在树势下降衰弱时容易发病，使树势更弱，以致死亡。健壮树对害螨也有一定的耐害性，在枝叶繁茂、叶色浓绿的树上，即便有害螨危害，也不至很快落叶。合理施肥，尤其是增施足量的优质有机肥作为基肥，能促进梨树生长，增强树势，提高树体抗病虫能力。

2. 合理修剪 梨树整形修剪除了调节营养生长和生殖生长的矛盾，使树体健壮多结果外，对病虫害防治也有一定积极作用。一方面，在冬剪时可以剪掉寄生在枝条上的病虫，如黄褐天幕毛虫的卵块，黄刺蛾的越冬茧，蚱蝉产卵的枝条及腐烂病的枝条，烂果病的僵果、染病果台等；在新梢发出后，及时剪除黑星病的病梢，剪除梨茎蜂的产卵梢，并将剪下的病虫叶、果收集起来，带出梨园集中处理，对控制病虫的发展有很大作用。另一方面，整形修剪改善树体结构，枝条分布均匀、充实健壮，树冠内通风透光，不利于病虫侵染繁殖。

3. 秋季深翻树盘，清除残枝落叶 消除落叶和枯枝也是消灭病虫害经济有效的措施。许多病菌都是在枯枝、落叶中越冬，清除的落叶或枯枝要集中烧毁。结合松土刨树盘，不仅能起到促进根系生长的作用，同时也是消灭越冬害虫的好办法。

4. 绑草诱杀，刮除老翘皮 利用害虫下树越冬习性，于秋末在树干上捆绑一圈麦草、布片等，诱使害虫潜入其中，入冬后解除烧毁。果树的翘皮、粗皮和裂缝是山楂叶螨、蚜虫、梨星毛虫、苹小食心虫、梨小食心虫等害虫的越冬场所。刮树皮可清除很多害虫的越冬虫卵，降低病虫害基数。

（二）物理防治方法

1. 利用害虫趋光性防治 根据昆虫趋光性，于成虫期在果园悬挂黑光灯（如太阳能杀虫灯），诱杀园内鳞翅目、鞘翅目等害虫；利用频振式杀虫灯还可杀死直翅目害虫的成虫。1 盏 20 瓦的黑光灯可辐射 1 公顷以上的果园，不仅杀虫效率高，而且没有污染，能生产无公害绿色果品。

2. 利用害虫趋色性防治 利用昆虫的趋色性，通过悬挂彩色粘虫板（黄色板、蓝色板、绿色板）防治小型害虫，利用粘虫胶粘杀天牛、蝼蛄等大型害虫。如黄色对于成龄蚜虫有很强的吸引力，利用黄色诱杀板可以消灭大量的蚜虫。

3. 利用害虫趋味性防治 根据昆虫对酸、甜等气味的趋性，设置糖醋液，装入瓶、碗制成诱捕器，诱杀卷叶蛾、梨小食心虫、蠹蛾、小地老虎等蛾类及金龟子等具有趋味性的害虫。关于糖醋液的配方很多，可用水 15 份，红糖 3 份，酒 1 份，米醋 0.5 份、米糠 0.5 份配制。不可用白糖代替红糖，米糠可增加酒精气味。

4. 利用害虫性诱剂防治 性诱剂是利用人工合成的性引诱剂来诱杀特定雄成虫，通过破坏该虫种群的性别比例，控制下一代的发生量，最终达到治虫的目的。一般沿果园对角线每 50～100 米放置 1 个性诱捕器，高度稍高于树体。设置季节以春季越冬代成虫羽化时开始，以便持续压制害虫的种群增长。具有诱杀成虫、干扰交配、保护天敌、减少污染、成本低、防治效果好、操作简单、无毒无害等优点，尤其适用于夜蛾、梨小食心虫、桃小食心虫等蛾类害虫防治。

5. 树干绑缚诱虫带，阻止害虫上树 在 8 月上中旬螨类害虫开始越冬时，树干上绑缚胶带作为诱虫带，可诱集螨类害虫，12 月以后，取下销毁。在主干上涂胶环或绑缚塑膜阻隔害虫上树。胶环配方：①蓖麻油 10 份，松香 10 份，硬脂酸 1 份；②豆油 5 份、松香10份，黄蜡1份。

6. 果实套袋 果实套袋可有效地防治果实上的病虫害。

（三）生物防治方法

生物防治是利用生物或其代谢产物来控制有害动、植物种群或减轻其危害程度的方法。

1. 保护利用自然天敌控制害虫发生 果树行间种草，吸引各类天敌昆虫栖息，实现以虫治虫的目的。如保护草蛉等天敌的生存和繁殖，可抑制叶螨类、蚜虫、粉虱等害虫。

2. 大量繁殖优势种害虫天敌释放治虫 根据果园虫害发生种类，有针对性地释放天敌昆虫来治虫，可大幅度减少农药用量，降低果实农药残留，保护生态环境。如赤眼蜂治卷叶蛾等多种害虫，七星瓢虫扑食蚜虫，捕食螨防治螨类。

3. 利用生物农药治虫 包括微生物农药—病原细菌、病原真菌、昆虫病毒；农抗杀虫剂：生化农药—昆虫信息素、昆虫生长调节剂。病原微生物具有繁殖快、用量少、无残留、无公害、无污染等优点。如苏芸金杆菌、白僵菌、绿僵菌等微生物农药已广泛应用于果园治虫。春雷霉素、井冈霉素、庆丰霉素、多抗霉素等用于果园杀菌。春尺蠖核型多角体病毒可防治春尺蠖、舞毒蛾幼虫。

（四）化学防治方法

1. 利用低毒安全化学农药 根据目前农业生产上常用农药（原药）的毒性综合评价（急性口服、经皮毒性、慢性毒性等），分为高毒、中等毒、低毒三类。

（1）高毒农药。有甲拌磷、治螟磷、对硫磷、甲基对硫磷、内吸磷、杀螟威、久效磷、磷胺、甲胺磷、异丙磷、三硫磷、氧化乐果、磷化锌、磷化铝、氰化物、呋喃丹、氟乙酰胺、砒霜、杀虫脒、西力生、赛力散、溃疡净、氯化苦、五氯酚、二溴氯丙烷、大蒜素等。

（2）中等毒农药。有杀螟松、乐果、稻丰散、乙硫磷、亚胺硫磷、皮蝇磷、六六六、高丙体六六六、毒杀芬、氯丹、滴滴涕、西维因、害扑威、叶蝉散、速灭威、混灭威、抗蚜威，倍硫磷、敌敌畏、拟除虫菊酯类、克瘟散，稻瘟净、敌克松、乙基硫代磺酸乙酯、福美砷、稻脚青、退菌特、代森铵、代森环、燕麦敌、毒草胺等。

（3）低毒农药。有敌百虫、马拉松、乙酰甲胺磷、辛硫磷、三氯杀螨醇、多菌灵、托布津、克菌丹、代森锌、福美双、萎锈灵、异稻瘟净、乙膦铝、百菌清、除草醚、敌稗、阿特拉津、去草胺、拉索、杀草丹、2甲4氯、绿麦隆、敌草隆、氟乐录、苯达松、茅草枯、草甘膦等。

高毒农药只要接触极少量就会引起中毒或死亡；中、低毒农药虽较高毒农药的毒性为低，但接触多，抢救不及时也会造成死亡。因此，使用农药必须注意经济和安全。梨树上尽量做到无公害，保证不用中等或高毒农药，低毒农药使用时间要有严格的规定，确保将来生产出的果品无公害、无残留。

2. 农药使用中的注意事项

①配药时，配药人员要戴胶皮手套，必须用量具按照规定的剂量称取药液或药粉，不得任意增加用量，严禁用手拌药。

②拌种要用工具搅拌，用多少拌多少，拌过药的种子应尽量用机具播种。如手撒或点种时必须戴防护手套，以防皮肤吸收中毒。剩余的毒种应销毁，不准用作口粮或饲料。

③配药和拌种应选择远离饮用水源、居民点的安全地方，要有专人看管，严防农药、毒种丢失或被人、畜、家禽误食。

④使用手动喷雾器喷药时应隔行喷，手动和机动药械均不能左右两边同时喷。大风和中午高温时应停止喷药。药桶内药液不能装得过满，以免晃出桶外，污染施药人员的身体。

⑤喷药前应仔细检查药械的开关、接头、喷头等处螺丝是否拧紧，药桶有无渗漏，以免漏药污染。喷药过程中如发生堵塞时，应先用清水冲洗后再排除故障。绝对禁止用嘴吹吸喷头和滤网。

⑥施用过高毒农药的地方要竖立标志，在一定时间内禁止放牧、割草、挖野菜，以防人、畜中毒。

⑦用药工作结束后，要及时将喷雾器清洗干净，连同剩余药剂一起交回仓库保管，不得带回家去。清洗药械的污水应选择安全地点妥善处理，不准随地泼洒，防止污染饮用水源和养鱼池塘。盛过农药的包装物品，不准用于盛粮食、油、酒、水等食品和饲料。装过农药的空箱、瓶、袋等要集中处理。浸种用过的水缸要洗净集中保管。

第二节 常见病害

一、梨黑星病

梨黑星病，又名梨黑或疮痂病，此病只为害梨。

（一）症状

叶芽发出叶片后，基部生出黑霉，由叶柄沿叶中脉或支脉向叶面蔓延，病重的叶柄干枯，叶片变黄脱落。果实自幼果至成熟期均可被害，果面近萼洼处初生淡黄色小斑点，以后长出黑霉（即病菌的分生孢子及分生孢子梗），病斑逐渐扩大，黑霉被雨水冲走后逐渐稀少，黑斑硬化稍凹陷，表面龟裂。病斑发生后期，上面长出腐生病菌而呈灰白色。果实易脱落，病部味苦质硬。花部受害以萼片、花梗为主。

（二）发生规律

病菌分生孢子发芽适宜温度为22～23℃，到28℃以上不萌发；菌丝发育适宜温度为20℃，最高为28℃，最低为10℃。

病菌主要以菌丝和分生孢子在芽鳞、病叶、病果上越冬。每年4月中下旬梨树发芽长叶后开始发病，而病斑在5月上旬产生孢子，孢子借风雨传播侵染。此病在山西省4～9月都能发生，发病盛期在7～8月，直至梨果采收期均可危害。但一年中发病早晚及严重程度，常取决于降雨情况，一般在多雨湿度大年份和多露季节发病严重。

（三）防治方法

1. 农业防治　冬季清扫果园落叶、病果，减少越冬菌源；改善树冠通风透光条件。

2. 化学防治　落花后，5月中旬和6月下旬各喷1次200倍石灰倍量式波尔多液，7月中旬和8月中旬各喷1次180～200倍石灰多量式波尔多液，全年共喷4次，或喷500～700倍液退菌特。

二、梨树腐烂病

（一）症状

多在树势衰弱和管理粗放的果园发病，主要为害梨树枝干，发病初期，病部稍肿起，水渍状，红褐色至暗褐色，用手按病部稍下陷并有红褐色汁液流出，病组织有酒糟味；以后病部逐渐干燥凹陷，与健皮交界处发生龟裂，病部表面长出黑色小粒点，这是病菌的分生孢子器，雨后在小粒点上吐出黄色孢子角。与苹果腐烂病稍有不同，此病侵入的深度多限于树皮表层，除特别衰弱的树和特别易感病的品种外，很少烂透树皮，病树树势减弱，生长不良，当病部深达木质部并迅速扩展时也易使枝干死亡。

（二）发生规律

此病在春季发生最严重，七年以上的结果树及树势衰弱的老树发病较重。病菌在旧病疤上越冬，第二年春暖时病疤逐渐扩大，4～5月产生孢子角，分生孢子借助雨水传播，从伤口侵入寄生组织。枝干阳面发病较多，在有机质含量较高的土壤及生长较好的树体发病较轻。

（三）防治方法

1. 农业防治　加强栽培管理，增强树势，提高抗病能力。

2. 物理防治 春季病部开始扩大时，及时刮除病疤，对未烂透的病疤，只将上层病皮彻底刮去即可，不必刮到木质部；对已烂透的要刮到木质部。刮完后，用石硫合剂消毒并涂保护剂，刮下的树皮要收集烧毁。以后经常检查，随发现随刮治。在细枝上发现可剪除。

三、梨锈病

梨锈病又名梨赤星病，群众称“羊胡子”“羊毛疔”等。

（一）症状

梨锈病主要发生部位是叶片，其次是新梢，严重时，果实也可以发病，在转主寄生桧柏上的症状是在小枝或叶腋部位发生。

叶片受害时间在4～5月，叶片正面发生橙黄色或橙红色近圆形的斑点，开始约3毫米，以后逐渐扩大，在病斑上可看到黄色小粒点，并分泌一种黄色黏液，而小粒点变为黑色，这每一个小粒点就是一个性孢子器。病部叶肉组织较健全组织厚而且硬，正面稍凹陷，同时叶片的背面病斑处稍隆起，隆起处初期为淡黄色，以后变为紫黄色，最后于7月间产生长4～5毫米的毛状物，这是病原菌的锈孢子器，一个病斑上往往有十几个到数十个。毛状物破裂后，散出许多黄褐色粉状物，就是病菌锈孢子。病斑以后逐渐变黑。一片叶上如果病斑过多，往往枯死脱落。

幼果受害症状和叶片上症状相似，在果面上发生橙红色病斑，然后长出黑色小点及毛状物，病斑稍凹陷，病果成畸形，容易脱落。新梢受害症状也相似，病部以后龟裂，容易折断。

梨锈病发生的明显特点是在梨树上形成的锈孢子必须转移到桧柏上越冬，下一年春季冬孢子产生小孢子，再借助风力回到梨树上危害。桧柏被称为中间寄主，当地如果没有桧柏，梨树就不会发生锈病。

（二）发生规律

病原菌为一种锈病菌，春季当气温上升到 22～24℃又逢降雨时，桧柏上的冬孢子角开始膨胀并产生小孢子，小孢子随着空气传到梨树上发病。春季风向对于传播关系很大，如果梨园迎风面附近有桧柏，锈病就重，如果相距 5 千米以外，传播的可能性就小，风力是决定能否大量传病的重要条件。以后梨树上的病斑产生锈孢子器，内含有许多锈孢子，再依靠风力转移到桧柏上越冬。

（三）防治方法

1. 农业防治　在梨园附近 5 千米处不可栽植桧柏、龙柏，更不能用来作防风林。

2. 化学防治

（1）在不能伐除桧柏的园片，春季降雨前，剪除此树上的病瘿，喷洒 2～3 波美度石硫合剂或 1∶2∶150 倍波尔多液，以减少初侵染源。

（2）在梨树上可选用 50%硫悬浮液 400 倍液、43%戊唑醇悬浮液 4 000～5 000 倍液、25%丙唑醇乳油 3 000 倍液等防治。

四、梨轮纹病

梨轮纹病主要为害果实和枝干。

（一）症状

枝干受害后，以皮孔为中心，形成直径 3～20 毫米大小不等的圆形或椭圆形病斑，呈褐色至灰褐色，病部中央突起成质地坚硬的疣状物，所以又被称为“疣皮病”。以后病斑边缘方式龟裂，形成一道凹陷的环缝与健皮分离。次年病斑上长出黑色小点状分生孢子器，病组织逐渐翘起并脱落。果树染病，从皮孔侵入，生成水渍状褐斑，很快呈同心轮纹状向四周扩散，几天内就使全果腐烂。烂果多汁，常带有酸臭味。叶片受害，产生近圆形病斑，同心纹明显，呈褐色，直径 0.5～1.5 厘米，后期色泽较浅并出现黑色小粒点。叶片上病斑多时，引起叶片干枯早落。

（二）发生规律

病菌以菌丝和分生孢子器在病枝干上越冬，每年 4～6 月形成分生孢子，是最主要的初侵染源，7～8 月果园散发的分生孢子最多，孢子随雨水冲溅传播。孢子萌发后从皮孔侵入枝干和果实。病菌发育的最适温度为 25～27℃，分生孢子的萌发适温为 25℃，相对湿度 75%以上。因此在温暖多雨年份，田间孢子飞散量大，发病也会加重。

（三）防治方法

1. 农业防治

（1）冬季刮除枝干老树皮，特别是轮纹病疣要彻底刮除，并集中烧毁。

（2）选择健壮少病或无病的成年园片作为贮藏生产基地。

（3）果实采收后，严格剔除病果。

（4）果实入窖后，尽量控制适宜窖温。

2. 化学防治

（1）开春芽萌动时，喷一次 5 波美度石硫合剂加 100 倍液五氯酚钠，进一步铲除残留病菌。

（2）落花后的幼果期喷一次 50%多菌灵 1 000 倍液，在以后的生长期中，每隔 10～15 天喷一次甲基硫菌灵 800～1 000 倍液、50%退菌特 600～800 倍液、波尔多液 200 倍液、多菌灵 1 000 倍液等，以保护果实。

五、梨黑斑病

（一）症状

梨黑斑病主要为害叶片、叶柄、新梢、果实。在嫩叶初期侵染后，产生针头大小圆形黑色斑点，随后逐渐扩大成圆形或不规则形直径1厘米左右的病斑，病斑中心呈灰白色，边缘黑褐色，有时呈同心轮纹，病斑多时可相互结合成凹陷的不规则大斑，在潮湿条件下，病斑表面形成黑霉物，为分生孢子及分生孢子梗，引起早期落叶。成叶受害后可形成直径2厘米左右的大斑，并具有同心轮纹和霉状物。叶斑及新梢感病，病斑初期为黑色，圆形或椭圆形，稍凹陷，后扩展为长椭圆或纺锤形，下陷较深，呈淡褐色，病健交界处常产生裂缝，有时呈疮痂状，遇风容易折断。

幼果受害后，初期表面产生漆黑小圆点，然后扩大为稍凹陷的圆形病斑，潮湿时表面也产生黑霉物，使幼果早期脱落。后期染病，果实由于病部与健康组织发育不均，致使果面发生龟裂，深度可达果心，在裂缝内也会产生黑霉。染病严重的果实在采收前就腐烂落地。凡感病果实均无贮藏价值。

梨黑斑病病菌分生孢子的产生、萌发与侵入与温、湿度有密切关系，当气温达15℃时开始发病。20℃时田间孢子量增加，气温达20～28℃，再加阴雨为发病高峰。

（二）发生规律

梨黑斑病是由真菌引起的病害，病原物以分生孢子及菌丝体在病枝梢、病芽、病果上越冬。次年春从病组织上产生新的分生孢子，靠风雨传播。当孢子萌发后，通过梨树皮孔、气孔侵入或直接穿透寄主表皮侵入，引起初次侵染。然后在梨树整个生育期可多次产生新孢子进行侵染危害，形成重复侵染。

（三）防治方法

1. 农业防治 加强田间管理，增施有机肥，合理修剪，彻底清除残枝败叶。

2. 化学防治 4月上旬（萌芽期）喷3～5波美度石硫合剂。6月上旬（生理落果期）喷代森锰锌600倍液。6月下旬喷多菌灵600倍液。7月下旬喷退菌特600倍液。

第三节 常见害虫

一、梨小食心虫

梨小食心虫学名 *Grapholitha molesta* Busck，简称“梨小”。主要为害梨、桃、杏、樱桃、苹果等。

（一）形态特征

1. 成虫 体灰褐色，头、胸部色较浓，前翅前缘有 8～10 组白色小斜纹，翅中央有一个灰白色小点，近外缘有 10 个小暗褐色斑点。

2. 卵 扁平稍隆起，椭圆形，初产时乳白色，半透明，后变黄色，孵化前变黑褐色。

3. 幼虫 小幼虫体白色，头及前胸背板黑色；老熟幼虫呈淡红色，微带紫色，头部褐色，前胸背板不明显。

4. 蛹 黄褐色，纺锤形，腹部背面第 3～7 节上每节有两排短刺，前后排列整齐。

（二）生活史及习性

一年发生 3～4 代，气候温暖的地方可发生 5 代。以老熟幼虫在树干缝隙、树干基部近土处和草根上结茧越冬。此外，果窖、果筐等也有幼虫越冬。翌年 3 月下旬化蛹，4 月中旬开始出现成虫，直到 9 月中下旬，田间均有成虫发生，各代很不整齐。4 月下旬第一代幼虫开始为害桃梢、李梢和李、杏果实。桃、李梢被害后先端枯萎下垂，一头幼虫可连续为害 2～3 个新梢，李、杏果实被害后造成大量落果，当果实稍大后落果可减少。当幼虫老熟时，从梢或果中脱出到粗皮缝中结茧化蛹，羽化为成虫并交尾产卵，6 月中旬出现第二代幼虫继续为害桃、李梢和李、杏果，并开始为害早熟桃、梨、苹果，但数量不多，7 月中旬以后转移梨树上为害梨果，蛀果盛期在8月中旬至9月上旬，晚熟品种受害较重。早期为害的入果孔较大，并有虫粪排出，入果孔周围变黑，逐渐扩大，容易烂。如幼虫为害梨果较晚时，入果孔较小。梨小在梨果上产卵，多产于果面，幼虫孵化后，常在果面上爬行1～2小时，然后蛀入。幼虫有蛀果心为害种子的习性。一个果内往往有2～3头幼虫，9～10月幼虫大部分脱果爬到树皮缝内做茧越冬。有些幼虫随梨果采收后带到贮藏场所陆续脱果做茧越冬。

梨小发生与果园树种配置有密切关系，苹果、梨、桃混植的果园受害严重。

（三）防治方法

1. 农业防治

（1）刮树皮。早春刮除老翘皮集中烧毁，消灭越冬幼虫。

（2）剪除被害桃、李梢。特别是第一代幼虫危害期，应连续彻底进行剪虫梢，并结合夏季桃树修剪，在5～6月也可剪虫梢，集中烧毁。

（3）及时摘除虫果及捡拾落地虫果，注意处理堆果场所和工具。

（4）避免桃梨混栽及两园相距太近。

2. 物理防治

（1）成虫期糖醋液诱杀。糖醋液配置：清水5千克，醋0.5千克，红糖0.25千克（也可用废糖稀代替红糖）。

（2）束草诱杀。于8月中旬幼虫脱果前，在树干主枝上绑草把诱杀幼虫，可结合消灭红蜘蛛、苹果小卷叶蛾等害虫，12月下旬将草把烧毁。

3. 化学防治 6月间开始蛀桃梢时可在桃园喷40%乐果2 000～2 500倍液并结合治蚜虫。7～8月大量为害梨树时，喷90%敌百虫1 000倍液，或25%杀虫脒600倍液混加97%巴丹2 000倍液。应注意8月中旬及9月上旬的喷药防治。

4. 生物防治

（1）8月上旬至9月上旬在梨小食心虫卵期释放松毛虫赤眼

蜂，每株放 2 000 头，寄生率高，可压低虫果。

（2）据试验，对梨小食心虫采用性诱激素，用乙醚做溶剂 10 个雌蛾当量（每毫升溶液内含 10 个雌蛾性激素量）诱杀雄蛾有效。

二、梨大食心虫

梨大食心虫学名 *Nephopteryx pirivorella* Matsumura，又名梨班螟蛾，简称“梨大”，又称“吊死鬼”。主要危害梨，据报道有时也危害桃和苹果，是梨树的主要害虫。

（一）形态特征

1. 成虫 全身灰褐色，触角褐色，复眼黑褐色。前翅灰褐色，有 2 条白色横纹，两横纹中间灰白色，两边黑褐色，翅中央稍近前缘有 1 个肾状纹。后翅淡灰褐色。

2. 卵 扁椭圆形，初产时乳白色，以后变为红色。

3. 幼虫 越冬幼虫暗紫褐色，初孵化时体很小，稍带红色，头黑褐色，老熟时暗绿褐色或暗紫褐色。前胸背板及胸足为褐色。

4. 蛹 黄褐色，尾端有 6 根弯曲钩状的刺毛，横排成一列。

（二）生活史及习性

一年发生 1 代。以小幼虫在芽内做白色茧越冬，早春 3 月下旬幼虫在越冬芽内活动，4 月上旬花芽膨大时，幼虫开始向附近的花芽转移为害，幼虫多喜害花芽。当日平均气温达 13～14℃时，转芽比较整齐集中，约 10 余天大部分转移。危害时从芽的基部钻入，并以碎屑和丝封闭入口。幼虫喜食花轴，并钻入髓部造成花凋谢下垂。5 月中旬幼虫蚕豆大时，开始向果实转移危害。幼虫害果直达果心，由虫孔大量排粪。5 月底至 7 月上旬危害盛期，危害期 1 月左右。幼虫一生为害 2～3 个花芽和 1～4 个幼果，幼虫老熟后在果内化蛹，幼虫化蛹前爬出果外将果柄用细丝缠绕固定，挂在树上，化蛹盛期在 7 月上中旬。蛹期 7～8 天，七月中旬开始出现成虫，下旬为羽化盛期。成虫羽化后产卵于花芽、鳞片、短果枝、叶痕等处。卵期8～9天，8月上旬出现第一代幼虫，即越冬代，为害当年形成的花芽。8月中下旬开始结白茧越冬。9月全部进入越冬期。

梨大食心虫的天敌很多，常见的有2种寄生蜂和1种寄生蝇，寄生率可达30%～50%。

（三）防治方法

1. 农业防治 结合修剪，剪除虫芽。

2. 化学防治

（1）春季梨树花芽萌动期，3月底至4月上旬，越冬幼虫转芽初期，喷50%敌敌畏乳剂1 000倍液。

（2）梨萼片脱落时，即幼虫转果为害期喷90%敌百虫1 000倍液。

（3）7～8月第一代幼虫（即越冬代）大量出现期连续喷两遍1∶1.5∶200倍液波尔多液混加600倍液90%敌百虫，病虫兼治。

3. 物理防治

（1）6～7月摘除虫果（虫果皮皱缩开始变黑，易识别）。

（2）据郑州果树所试验，对梨大食心虫进行性引诱，用10个雌虫当量（每毫升二甲烷溶液内含有10个雌蛾性激素量）诱杀雄蛾效果好，使用11天有效。

三、梨星毛虫

梨星毛虫学名 *Illiberi pruni* Dyar，又名梨叶斑蛾、饺子虫，危害梨、苹果、槟沙果等。

（一）形态特征

1. 成虫 全身黑色，翅半透明，复眼黑色。雄蛾触角短羽毛状，雌蛾锯齿状。

2. 卵 椭圆形，扁平，初产时白色，近孵化时紫褐色。

3. 幼虫 小幼虫淡紫褐色，老熟时呈白色，头小、黑色。体背面各节有黑色斑点和毛丛，故名星毛虫。虫体中部较两端为肥大。

4. 蛹 初为黄白色，接近孵化时黑褐色。

（二）生活史及习性

一年发生1代，以幼龄幼虫在树皮裂缝中结茧过冬。翌年梨树发芽时爬出为害花芽、嫩叶，晋中地区4月中旬为越冬幼虫出蛰盛期。展叶后幼虫吐丝将叶片边缘缀合在一起成为饺子形，躲在里边吃叶肉，剩下叶脉和背面表皮，一个幼虫能为害7～8片叶子。被害叶片渐变黄干枯，严重时可将全树叶片吃光。5月底6月初幼虫老熟在被害包叶内做茧化蛹，蛹期10余天，6月中旬成虫开始羽化，成虫飞翔能力很弱，产卵在叶背面，6月下旬开始孵化出小幼虫，此时幼虫只吃叶肉不包叶，将叶片吃成筛状，为害比春季还严重。幼虫对靠近叶片的果实也有为害现象，被害处造成斑点状。7月下旬幼虫开始转移到树干粗皮裂缝中，结茧越冬。

（三）防治方法

1. 农业防治 早春刮树皮，消灭越冬幼虫。

2. 化学防治 梨发芽期幼虫出蛰盛期和夏季幼虫孵化后树上喷50%马拉硫磷乳剂1 000倍液、75%辛硫磷1 000倍液、80%敌敌畏1 000倍液。

四、梨瘤蛾

梨瘤蛾学名 *Sinitinea pyrigalla* Yang，又名梨瘿华蛾、糖葫芦虫，只为害梨树，影响新梢和树冠形成。

（一）形态特征

1. 成虫 全身银灰色，复眼黑色，触角鞭状，基部粗大。前翅近后缘有2丛灰黑色突起的鳞片，沿前缘有灰黑色条纹，后翅暗灰色，前、后翅均有长的缘毛。

2. 卵 圆柱形，初产时为橙黄色，近孵化时变为棕黑色。

3. 幼虫 全身淡黄色，头部小，胴部肥大，头及前胸背板黑色，全身有黄白色细毛。

4. 蛹 初期为淡褐色，近孵化时头及胸部变为黑色。腹部末端有 2 个突起，向腹面突出。

（二）生活史及习性

一年发生 1 代，以蛹在虫瘤中过冬，成虫于梨树开花前后即 4 月上旬至 4 月底羽化，成虫寿命 8～9 天，傍晚活跃，绕树飞翔交尾产卵，之后产卵于花、叶芽及枝条等缝隙上。每一雌蛾约产 90 粒卵，卵期约 18 天。幼虫于 5 月上旬孵化，初孵幼虫很活泼，找新嫩梢蛀入为害，被害梢于 7 月下旬以后逐渐膨大，形成虫瘤，幼虫在瘤内纵横串食，每个瘤内有虫 1～4 条，如在一枝上多处被害，则形成“糖葫芦”状，至 9 月中下旬在化蛹之前，将瘤咬一羽化孔，幼虫即在瘤中化蛹过冬。

（三）防治方法

1. 农业防治 结合修剪，剪除当年生被害新梢烧毁，此项工作应于四月成虫羽化前结束，消灭越冬蛹。

2. 化学防治 开花前喷 50%敌敌畏乳剂 800～1 000 倍液杀成虫。

五、梨黄粉蚜

梨黄粉蚜学名 *Aphanostigmajakusuienisis*（Kishida），又名梨黄粉虫、梨瘤蚜。

（一）形态特征

1. 成虫 洋梨形，淡黄色或橙黄色。

2. 卵 椭圆形，淡黄色。

3. 幼虫 形状似成虫，体小淡黄色。

（二）生活史及习性

一年发生代数不明确，以卵在树皮裂缝中越冬。开花时孵化，幼虫在嫩皮处吸食汁液，长成后产卵繁殖，至7月爬到果实萼洼处危害，因身上有很多卵，看来果上好像有一堆堆的黄粉，用扩大镜观察，可见许多成虫、卵或小幼虫，把虫擦去果皮上留一小黄斑，至8月以后果实接近成熟期危害加重，被害果萼洼附近变褐色或黑色腐烂。

（三）防治方法

1. 检疫防治 加强检疫，若从疫区调运苗木或接穗，应用1～2波美度石硫合剂浸泡1～3分钟以杀死虫卵。

2. 农业防治

（1）冬季刮除老翘粗皮，清洁枝干裂缝，以消灭越冬卵。

（2）套袋时选用捆扎带扎紧袋口，将袋口扎3圈以上，阻止黄粉蚜入袋。

3. 化学防治

（1）早春发芽前，喷3～5波美度石硫合剂。梨芽绽开至花序分离期，喷2.5%高效氯氟氰菊酯乳剂2 500倍液+48%毒死蜱乳油1 500倍液。谢花后10～20天，可喷10%吡虫啉可湿性粉剂2 000～3 000倍液、1.8%阿维菌素乳油2 000～3 000倍液、80%敌敌畏1 000倍液。

（2）套袋前，可喷10%扑虱灵可湿性粉剂6 000～8 000倍液等。

六、梨蚜

梨蚜学名 *Schizaphis piricola*（Matsumura），又名梨二叉蚜、

梨卷叶蚜、腻虫。

（一）形态特征

1. 成虫 分为有翅胎生雌蚜和无翅胎生雌蚜，无翅雌蚜体绿色或暗绿色，复眼红褐色，口器黑色，腹管长大，末端收缩为黑色。有翅雌蚜体型较小，呈卵型，黄绿色，复眼红褐色，口器黑色，头、胸部、触角及腹管和足的跗节均为黑色，前翅的中脉分为二叉，故名“二叉蚜”。

2. 卵 黑色，近椭圆形，有光泽。

3. 若虫 体小，淡绿色无翅，似无翅雌蚜。

（二）生活史及习性

该虫以受精卵在树皮缝隙处、芽腋间越冬，3月中下旬花芽膨大时开始孵化，初孵化幼蚜群集于芽鳞露出的绿色或白色部分处危害，待花芽开绽时，即钻入芽内吸食汁液，梨叶展开后又转到梨叶正面群集危害，使叶片向正面纵卷成筒状，5月梨蚜大量胎生繁殖，为害加重。在4月下旬最早发生有翅蚜，开始迁移，到5月中下旬大量迁移到杂草上繁殖为害，到10月间有翅蚜又迁回梨树上繁殖为害，11月产生有翅蚜和雄蚜，交尾后产卵于树皮缝隙处和芽腋间越冬。

（三）防治方法

1. 农业防治 清洁梨园，树干涂白，种植三叶草保护天敌（瓢虫、卵形异绒螨）等。

2. 物理防治 糖醋液（酒∶糖∶醋∶水=1∶3∶4∶2）诱杀。每亩可放置15～20个点，注意补充溶液。还可用黄色板、黑光灯诱杀。

3. 化学防治

（1）花芽膨大期喷3～5波美度石硫合剂。发芽展叶期，6月至7月上旬，9月末可选喷10%吡虫啉可湿性粉剂3 000倍液、

3%啶虫脒悬浮剂 4 000 倍液、25%苯醚甲环唑 1 500 倍液、1.8%阿维菌素 4 000 倍液。

（2）因该蚜虫繁殖很快，发芽后应立即防治，在花芽膨大时幼蚜大量孵化期可喷 2 000～3 000 倍液 40%乐果乳剂。

（3）展叶为害期喷 40%乐果乳剂 1 500～2 000 倍液。

七、梨木虱

梨木虱学名 *Psylla chinensis* Yang et Li，又名中国梨木虱、梨叶木虱。发生严重时造成早期落叶，削弱树势，影响产量。

（一）形态特征

1. 成虫 体似小蝉，越冬的成虫体红褐色或黑褐色，夏季的成虫初羽化时为黄绿色，稍后变为淡绿色。中胸背有 6 条黄色细纵纹，腹部梢带绿色，复眼黑色。前后翅透明，翅脉明显。

2. 卵 近长椭圆形，一端稍尖细，早春卵为淡黄色，夏季卵为乳白色。

3. 若虫 初孵小若虫为淡黄色，体椭圆形，扁平，3 龄以后翅芽明显，体渐变为淡褐色，复眼红色。

（二）生活史及习性

一年发生 2～3 代，以成虫在树皮裂缝、树洞、落叶下越冬，早春梨树花芽萌动时开始出蛰活动，当梨花芽膨大时大量产卵于短果枝叶痕及芽腋间，排列成一排断续的黄色线。卵期 20 天左右，4 月中下旬花蕾出现时卵孵化为若虫，若虫期 30～40 天。6 月中旬羽化为成虫，此后若虫、成虫均发生危害，若虫有群集性，多群集在叶簇间和卷叶内及两叶相合之处，特别是叶背及叶丛密生的地方较多，若虫吸食汁液，并分泌黏液，遇雨产生一层黑霉，叶片被害后干枯变黑，提早脱落。黏液粘到果实上，还能引起霉病，降低梨的质量，7～8 月是危害严重的时期，特别是遇到干旱年份，危害更严重，10月中旬以后成虫越冬。

（三）防治方法

1. 农业防治 刮树皮，消灭越冬成虫。

2. 化学防治

（1）越冬成虫出蛰盛期，消灭成虫于产卵前，在梨花芽膨大时喷80%敌敌畏乳剂800～1 000倍液，连续2次，对控制全年危害作用很大。

（2）在梨落花后，当第一代若虫出现盛期喷80%敌敌畏1 000倍液。

（3）梨木虱若虫具有分泌黏液保护虫体的特性，一般药剂单喷难以防治。如用草木灰浸出液与杀虫剂配合使用，可大大提高防治效果。将1份草木灰先溶解在15份水中，充分搅拌，使草木灰充分溶解，然后滤去灰渣，配制成3%草木灰溶液。用此液在梨木虱危害的树上先喷洒一遍，经3～4小时，包被梨木虱若虫的黏液便可全部被溶解，若虫暴露出来，此时再喷洒杀灭梨木虱的农药。

八、梨茎蜂

梨茎蜂学名*Janus piri* Okamoto et Muramatsu，又名梨切芽虫、梨折梢虫、梨截芽虫等，以幼树受害严重。

（一）形态特征

1. 成虫 一种黑色小型蜂子，翅淡黑色透明，触角丝状，黑色，前胸后边两旁、翅基及后胸后部为黄色，足黄色，腿节黄褐色。雌虫腹部末端有一锯状的产卵器，平时藏于腹中，产卵时伸出。

2. 卵 椭圆形，乳白色。

3. 幼虫 体白色，头部淡褐色，尾部向上翘，胸部向下弯，体呈～形。

4. 蛹 白色，裸蛹，复眼红色，近羽化时变为黑色。

（二）生活史及习性

一年发生1代，以老熟幼虫在二年生被害枝条内越冬，翌年3月间化蛹，4月下旬梨树盛花期成虫出现，新梢长到5～6厘米时开始产卵，为害达高峰期，产卵比较整齐，前后约半个月。成虫喜欢在晴天的10：00～16：00飞翔、交尾、产卵，早晚和阴雨天气躲在叶背面不动。成虫产卵时由腹部尾端伸出锯状的产卵管刺入幼嫩新梢内，将卵产在皮层与木质部之间，在产卵处1厘米以上用产卵管锯断，只留下一短小枝，极易识别。卵期约7天，幼虫孵化后，沿嫩枝髓部向下蛀食，把粪便排满蛀孔内，幼虫长大蛀入二年生枝，结薄茧越冬。

（三）防治方法

1. 农业防治 4～5月剪除被害虫梢，消灭卵幼虫，结合冬季修剪，剪除被害枝，集中烧毁。

2. 化学防治 成虫期喷50%敌敌畏乳剂800～1 000倍液。

3. 物理防治 在梨园悬挂杏黄色粘虫板诱捕效果好，最佳悬挂时间是3月25日至4月10日左右，最佳悬挂高度为树冠中部，最佳密度为每亩悬挂30张。

九、梨叶肿壁虱

梨叶肿壁虱学名 *Eriophyes pyri*（Pagenstecher），又名梨瘿螨，严重时造成梨树早期落叶，削弱树势。

（一）形态特征

成瘿螨体圆筒形，似胡萝卜，体长132.4微米，宽49.2微米，前端粗向后渐细，油黄色、半透明，体由多环节组成，体侧似锯齿状，体侧各有4根刚毛，尾端生2根刚毛。足2对，向前伸。尾端有 1 吸盘，常固着在叶表面，体直立，左右摇摆。若虫体细小，与成虫相似。

（二）生活史及习性

一年发生多代，梨发芽时开始活动，为害新吐出的幼叶，从发芽至 5 月危害嫩叶很重，受害叶肿胀皱缩，常从叶缘向上纵卷，严重时卷成双筒状并向内弯曲；成叶只卷边缘，受害处叶背肿胀皱缩，组织变成红色或浅黄绿色，后期多干枯早落。随气温升高，叶片组织衰老，危害逐渐减轻，但已受害卷叶难以伸展。

（三）防治方法

1. 农业防治 秋季收集落叶烧毁。

2. 化学防治

（1）花芽膨大时，喷 3～5 波美度石硫合剂。

（2）为害期喷 40%毒死蜱乳油 800 倍液、5.7%氟氯氢菊酯乳油 2 000 倍液。

十、梨金缘吉丁

梨金缘吉丁学名 *Lampra limbata* Gebler，别名金缘吉丁虫、板头虫、翠兰鞘等。寄主有梨、苹果、沙果、杏、桃、山楂等多种果树。

（一）形态特征

1. 成虫 体长 13～18mm，扁、纺锤状，密布刻点。体色翠绿，具金色金属光泽。触角黑色锯齿状。复眼肾形褐色，头顶中央具倒 Y 形纵纹。前胸背面具 5 条蓝色纵纹，中央一条粗而显。鞘翅具 10 余条纵沟，纵列黑蓝色斑略隆，翅端锯齿状。前胸背板和鞘翅两侧缘具金红色纹带，故称金缘吉丁虫。雌虫腹末端浑圆，雄则深凹。

2. 卵 扁椭圆形，长约2mm，初乳白，后渐变黄褐色。

3. 幼虫 老熟体长约33mm，体扁平、黄白色，无足，头小、黄褐色，胴部前节宽大，体狭长，末节浑圆，前胸背中央具一深色倒V形凹纹，腹中央有1纵列凹纹，各腹节两侧各具1弧形凹纹。

4. 蛹 体长约17mm，初乳白，后渐变黄，羽化前蓝绿色略有光泽。复眼黑色。

（二）生活史及习性

此虫每年发生代数因地而异，在山西2年1代，陕西3年1代。以大小不同龄期的幼虫于被害枝、干皮层下或木质部处越冬，幼龄幼虫多于形成层处，老龄幼虫已潜入木质部处越冬。次春树液流动后，幼虫继续危害。3月下旬开始化蛹，蛹期约30天。5月上旬至8月中旬田间均可见到成虫，盛期期为5月中下旬。产卵前期约10天左右，卵散产于树皮缝隙处，单雌卵量约30粒。成虫寿命30天左右。5月中下旬为产卵盛期，卵期约10天，6月初为孵化盛期。成虫多在白天且气温较高的中午活动，早晚气温低时常静伏叶上，遇震动下坠或假死落地。此虫危害程度与树势和品种有关。树势衰弱，枝叶不茂，枝干裸露，则利于成虫栖息与产卵，受害重；适口性好的品种受害重。秋后以各龄期的幼虫于被害处越冬。

为害症状：幼龄幼虫先蛀食绿色皮层，被食部位的皮层组织颜色变深。韧皮部被害后，外表常变黑似腐烂病斑。幼虫于皮下取食时，蛀道内充满褐色虫粪与木屑，蛀道初期呈片状，后扩大为螺纹或迂回状，细枝被害常渗出汁液，被害处后期皮层纵裂或韧皮部与木质部分离，如蛀道形成环状，被害枝或树常致干枯死亡，化蛹时便蛀入木质部内造船形蛹室。

（三）防治方法

1. 农业防治

（1）清除死树枯枝。成虫羽化前及时清除死树、枯枝，消灭其内虫体，减少虫源。

（2）刮粗翘皮。在休眠期刮主干、主枝的粗翘皮，可消灭部分越冬幼虫。

2. 化学防治

（1）被害处常有凹陷、变黑症状，虫孔易发现。可用刀挖除皮层下的幼虫，同时涂抹 80%敌敌畏 20 倍煤油液、80%敌敌畏乳油 5～10 倍液、40%辛硫磷乳油 8～12 倍液。

（2）成虫出树前后产卵前防治。树上喷洒 30%辛硫磷微胶囊悬浮剂 700～800 倍液、40%辛硫磷乳油 1 000 倍液、50%马拉硫磷乳油 1 500 倍液、80%敌敌畏乳油 1 500 倍液、20%氰戊菊酯乳油 2 000 倍液，毒杀成虫，效果良好，隔 15 天喷一次，连喷 2～3 次即可。

第四节　常用杀菌剂

一、波尔多液

波尔多液是无机铜素杀菌剂，其有效成分的化学组成是 $CuSO_4 \cdot xCu(OH)_2 \cdot yCa(OH)_2 \cdot zH_2O$。1882 年于波尔多城发现其杀菌作用，故名波尔多液。它是由约 500 克的硫酸铜、500 克的生石灰和 50 千克的水配制成的天蓝色胶状悬浊液。配料比可根据需要适当增减。一般呈碱性，有良好的黏附性能，但久放物理性状破坏，宜现配现用或制成失水波尔多粉，使用时再兑水混合。久制的会发生如下反应：

$$CuSO_4 + Ca(OH)_2 = CaSO_4 + Cu(OH)_2 \downarrow$$

生成 $Cu(OH)_2$ 就没有了铜离子，失去了杀菌效果。

波尔多液本身并没有杀菌作用，当它喷洒在植物表面时，由于其黏着性而被吸附在作物表面，而植物在新陈代谢过程中会分泌出酸性液体，加上细菌在入侵植物细胞时分泌的酸性物质，使波尔多液中少量的碱式硫酸铜转化为可溶的硫酸铜，从而产生少量铜离子（Cu^{2+}），Cu^{2+} 进入病菌细胞后，使细胞中的蛋白质凝固。同时 Cu^{2+} 还能破坏其细胞中某种酶，因而使细菌体中代谢作用不能正常进行。在这两种作用的影响下，即能使细菌中毒死亡。

梨树在休眠期一般使用 1∶1∶100 倍波尔多液；在生长期使用 1∶(2～3)∶240 倍波尔多液。在使用时注意现用现配，不要久置。幼果期和果实采收前 20～30 天一般不使用波尔多液，避免对幼果产生药害和污染果面。

二、代森铵

代森铵曾用商品名有施纳宁等，为有机硫类广谱低毒杀菌剂，具有治疗、保护和铲除作用，水溶液可渗入植物组织，杀灭或铲除内部病菌。

可用于防治根腐病、紫纹羽病、白纹羽病、腐烂病、干腐病、轮纹病等枝干及根部病害。

防治根部病害一般使用 45%水剂 800～1 000 倍液浇灌根区；防治枝干病害使用 45%水剂 200～300 倍液在发芽前喷洒树体，或 100～200 倍液涂抹病斑处。

三、代森锰锌

代森锰锌曾用商品名太盛、大生、喷克、新万生等。为硫代氨基甲酸酯类保护性低毒杀菌剂。市售代森锰锌分为两类，一类为全络合态结构，一类为非全络合态结构（又称为普通代森锰锌）。全络合态产品使用安全，防病效果稳定，并具有促进果面亮洁、提高果实品质的作用。非全络合态结构产品防病效果不稳定，使用不安全，使用不当时常造成不同程度药害，影响果实质量。

代森锰锌防病范围极广，如疫病、炭疽病、轮纹病、黑斑病、赤星病、黑星病、褐斑病、锈病、锈壁虱等均具有良好的预防效果。

使用全络合态产品（80%可湿性粉剂、75%水分散粒剂）一般使用 800～1 000 倍液喷雾。使用普通代森锰锌，一般使用 80%可湿性粉剂 1 200～1 500 倍液，70%可湿性粉剂 1 000～1 200 倍液，

50%可湿性粉剂 800～1 000 倍液。可连续使用，病菌不易产生抗药性。梨的安全采收间隔期为 15 天。

四、代森联

代森联为广谱保护性低毒杀菌剂，对植物主要起保护作用，喷施后在植物表面可形成致密保护药膜，保护植物免受病菌侵染，而且对病菌有根除作用，速效性好，持效性长，使用安全，对多种真菌性病害均有很好地预防效果。

一般使用 70%水分散粒剂 500～700 倍液喷雾。

五、多菌灵

多菌灵为高效、低毒、低残留的内吸性广谱杀菌剂。对梨树的黑星病、轮纹病、炭疽病、锈病、褐斑病等许多高等真菌病害均具有较好的作用。

防治根部病害时，在清理病根组织的基础上，用药液浇灌根部。一般使用 25%可湿性粉剂 200～300 倍液，40%悬浮剂 400～500 倍液，50%可湿性粉剂 400～500 倍液，75%水分散粒剂 600～800 倍液，80%可湿性粉剂 600～800 倍液。

防治叶片和果实病害一般使用 25%可湿性粉剂 300～400 倍液，40%悬浮剂 800～1 000 倍液，50%可湿性粉剂 600～800 倍液，75%水分散粒剂 1 000～1 200 倍液，80%可湿性粉剂 1 000～1 500倍液喷雾。

连续多次单一使用，易诱导病菌产生抗药性。安全采收间隔期为 7 天。

六、甲基硫菌灵

甲基硫菌灵曾用商品名甲基托布津、甲托等，为取代苯类广谱治疗性杀菌剂，低毒、低残留，具有内吸、预防和治疗三重作用。对多种真菌性病害有良好的防治作用。

一般使用70%可湿性粉剂1 000～1 200倍液，50%可湿性粉剂600～800倍液，36%悬浮剂600～800倍液，均匀喷雾。安全采收间隔期为14天。

七、三唑酮

三唑酮曾用商品名粉锈宁等，为三唑类内吸治疗性低毒杀菌剂，易被植物吸收，可在植物体内传导，对锈病和白粉病具有预防、治疗、铲除和熏蒸等多种作用。

一般使用25%可湿性粉剂1 500～2 000倍液，20%乳油1 200～1 500倍液，15%可湿性粉剂800～1 000倍液喷雾。在病害发生前或发生初期效果好，安全采收间隔期为20天。

八、氰菌唑

氰菌唑曾用商品名倾城、倾止等，为三唑类内吸治疗性广谱低毒杀菌剂，对黑星病、白粉病、锈病、炭疽病等多种高等真菌性病害具有预防、治疗双重作用，内吸性强，药效高，持效期长，对作物安全，具有一定刺激生长作用。

一般使用12%乳油2 000～2 500倍液，25%乳油4 000～5 000倍液，40%可湿性粉剂6 000～8 000倍液喷雾。注意不同类型杀菌剂交替使用或混合使用。

九、氟硅唑

氟硅唑曾用商品名福星、稳歼菌等，为新型三唑类内吸性低毒杀菌剂，具有内吸治疗和保护双重作用，对白粉病、锈病、炭疽病、褐斑病等高等真菌性病害效果好。

一般使用40%乳油6 000～8 000倍液，16%水乳剂2 500～3 000倍液，10%水乳剂1 500～2 000倍液，8%微孔剂1 200～1 500倍液。酥梨类品种在幼树期间对本药敏感，应慎重使用。安全采收间隔期为18天。

十、苯醚甲环唑

苯醚甲环唑曾用商品名世高等，为杂环类广谱内吸治疗性杀菌剂，该药内吸性好，持效期较长，对梨黑星病、炭疽病、轮纹病、白粉病、锈病、褐斑病等病害具有良好的防治效果。

一般使用37%水分散粒剂1 200～1 500倍液，25%乳油8 000～12 000倍液，20%乳油7 000～10 000倍液，10%水分散粒剂3 500～5 000倍液喷雾。

十一、菌毒清

为甘氨酸类内吸治疗性低毒杀菌剂，具有一定的内吸和渗透作用，易溶于水，性质稳定。该药防病范围广，可防治真菌性病害、细菌性病害，并可控制病毒类病害，生产中常用于防治腐烂病和枝干轮纹病。

一般使用5%水剂20～30倍液，20%可湿性粉剂80～100倍液等进行涂抹用药。

十二、多抗霉素

多抗霉素曾用商品名宝丽安，为农用抗生素类广谱性低毒杀菌剂，具有较好的内吸传导作用，杀菌力强。

该药适用范围极广，对白粉病、赤星病、褐斑病、轮纹病、炭疽病、黑星病、立枯病等多种真菌性病害均具有很好的防治效果。

一般使用1%水剂150～200倍液，1.5%可湿性粉剂250～300

倍液，3%可湿性粉剂 400～500 倍液，10%可湿性粉剂 1 000～1 500倍液等喷雾。

第五节 常用杀虫剂

一、石灰硫黄合剂

石灰硫黄合剂简称石硫合剂，是一种无机硫类广谱性低毒农药，以杀虫、杀螨作用为主，兼有杀菌作用。石硫合剂呈强碱性，用波美度表示该产品的含量高低。市售成品有 45%晶体和 29%水剂两种。

石硫合剂主要作为果园的清园剂在春季萌芽前使用，以铲除在树体上越冬存活的害虫及病菌，有时也在生长期使用。

一般使用 45%结晶 60～80 倍液，29%水剂 30～60 倍液，3～5 度波美液均匀喷雾。

石硫合剂熬制方法：原料配方为生石灰 1 份，硫黄粉 2 份，水 12～15 份。将生石灰放入铁锅中，先加少量水，将其粉开后，加水制成石灰乳，再加足量的水，同时烧火加热至沸腾，将用少量水调成糨糊状的硫黄浆缓慢加入锅中，边加边搅拌，记下水位线，大火煮沸 45～60 分钟，并及时补充水量。待药液熬成红褐色，锅底的石灰渣呈黄绿色时完成，沉静后上层的红褐色透明液体即为石硫合剂母液。通常自己熬制的石硫合剂一般多在 20～26 波美度。使用前先用波美比重计测量母液波美度，然后根据需要浓度加水稀释。

二、吡虫啉

吡虫啉属吡啶类高效内吸性低毒杀虫剂，具有胃毒、触杀作用，内吸性好，持效期长，对刺吸式口器害虫具有良好的杀灭效果。

一般使用 5%制剂 600～1 000 倍液；10%制剂 1 500～2 000 倍

液；20%制剂 3 000～4 000 倍液；30%制剂 4 500～6 000 倍液；40%制剂 6 000～7 000 倍液；48%制剂 7 000～8 000 倍液；70%制剂 10 000～12 000 倍液。

三、啶虫脒

啶虫脒商品名莫比朗等，属吡啶类杀虫剂，中等毒性，杀虫速度较快，持效期较长，具有触杀和胃毒作用，有较强的渗透作用，主要用于防治刺吸式口器害虫。

一般使用 3%制剂 1 500～2 000 倍液；5%制剂 2 500～3 000 倍液；10%制剂 5 000～6 000 倍液；20%制剂 10 000～12 000 倍液；40%水分散粒剂 20 000～25 000 倍液；50%水分散粒剂 25 000～30 000 倍液；70%水分散粒剂 35 000～40 000 倍液。

该药与吡虫啉为同一类型药剂，两者不宜混合使用或交替使用。

四、阿维菌素

阿维菌素商品名齐螨素、爱福丁、克螨灵、爱诺虫清等，为微生物代谢产生的高效杀虫剂，制剂中毒或低毒，对螨类等害虫具有胃毒和触杀作用，不能杀死卵。

一般在害虫发生初期施药，持效期可达 30 天以上。可选 5%制剂 8 000～10 000 倍液，4%制剂 6 000～8 000 倍液，3%制剂 4 500～6 000 倍液，2%制剂 3 000～5 000 倍液，1.8%制剂3 000～4 000 倍液，1%制剂 1 500～2 000 倍液。安全采收间隔期为 7 天。

五、灭幼脲

灭幼脲为苯酰胺类特异性低毒杀虫剂，以胃毒为主，兼有一定的触杀作用，具有一定的渗透性，耐雨水冲刷，持效期可达 15～20 天。

一般使用25%悬浮剂或可湿性粉剂1 500～2 000倍液，20%悬浮剂1 200～1 500倍液。在低龄幼虫期和卵期施药杀虫效果好，对老熟幼虫基本无效。

六、高效氯氰菊酯

高效氯氰菊酯商品名歼灭、绿百事等，为拟除虫菊酯类广谱杀虫剂，具有胃毒和触杀作用，无内吸作用，中等毒性。

一般使用4.5%或5%制剂1 500～2 000倍液，10%制剂3 000～4 000倍液。在害虫发生初期使用效果好。一般安全采收间隔期为10天。

七、高效氯氟氰菊酯

高效氯氟氰菊酯商品名功夫等，为新型拟除虫菊酯类广谱杀虫剂，中等毒性，具有触杀和胃毒作用，无内吸作用，杀虫谱广，杀虫活性高，具有强烈渗透作用，耐雨水冲刷，持效期长。

一般使用2.5%制剂1 500～2 500倍液，50克/升乳油4 000～5 000倍液，10%可湿性粉剂、水乳剂8 000～10 000倍液，20%水乳剂15 000～20 000倍液。

八、氰戊菊酯

氰戊菊酯商品名速灭杀丁等，为拟除虫菊酯类广谱中等毒性杀虫剂，具有胃毒、触杀和趋避作用，无内吸传导和熏蒸作用，具有击倒作用强、杀虫效果快速、杀虫谱广、可杀卵等特点，并对作物有刺激生长、促进早熟的效应。

一般使用20%乳油或20%水乳剂1 000～1 500倍液，40%乳油2 000～3 000倍液。注意不能与碱性药剂混用，要与不同类型药剂（氨基甲酸酯类药剂）混用。安全采收间隔期为10天。

九、二溴磷

二溴磷为有机磷广谱中毒杀虫剂，具有胃毒、触杀作用、一定的熏蒸作用，无内吸性。该药杀虫迅速，击倒力强，使用安全。持效期短，施药后1～2天即分解失效，无残留危险，特别适合即将采收时使用。

一般使用50%乳油1 000～1 500倍液。注意不能使用金属容器，配药后立即使用。安全采收间隔期为7天。

十、辛硫磷

辛硫磷为有机磷类高效低毒杀虫剂，以触杀和胃毒作用为主，有一定熏蒸和渗透性，无内吸作用，对卵有一定杀伤作用。

一般使用30%微胶囊悬浮剂200～300倍液，35%微胶囊剂250～300倍液，40%乳油300～400倍液，800克/升乳油700～800倍液。将树盘表面土壤喷湿，然后耙松土表。

十一、毒死蜱

毒死蜱商品名乐斯本、安民乐、好劳力、治敌等，为有机磷类高效广谱杀虫剂，具有触杀、胃毒和熏蒸三种作用，无内吸作用，但在植物表面以很强的渗透性能，且与土壤有机质吸附能力极强，在土壤中持效期长。

一般使用48%乳油、40.7%乳油、40%制剂1 000～1 500倍液，25%制剂700～900倍液。

十二、喹硫磷

喹硫磷为有机磷类广谱中等毒性杀虫剂。具有触杀和胃毒作用，有一定杀卵效果，无内吸和熏蒸作用。

一般使用 25%乳油 1 000～1 200 倍液，10%乳油 400～500 倍液。

十三、双甲脒

双甲脒为甲脒类触杀型广谱中毒杀螨剂，具有触杀、拒食、趋避作用，也有一定的胃毒、熏蒸和内吸作用。对叶螨的各个发育阶段的虫态都有效，但对越冬虫卵效果较差。在高温条件下杀螨效果显著，在 25℃以下气温时作用较慢，效果差。

一般使用 20%乳油 1 000～1 500 倍液。

主要参考文献

高照全，陈丽，戴雷，2013. 物理机械防治技术在有机果园中的应用 [J]. 果农之友（12）：35-36.

葛顺峰，姜远茂，2017. 苹果有机肥替代化肥新模式 [J]. 农家参谋（10）：50.

郭黄萍，李晓梅，张建功，2001. 优质中熟红梨新品种“玉露香” [J]. 山西果树（1）：3.

河北农业大学，1976. 果树栽培学 [M]. 北京：人民教育出版社.

李建华，王春生，郭黄萍，等，2006. 玉露香梨的贮藏特性及保鲜技术 [J]. 山西果树（4）：13-14.

刘承晏，1996. 梨树密植栽培 [M]. 北京：高等教育出版社.

刘丽，孙俊宝，王红宇，等，2015. 玉露香梨大苗培育技术 [J]. 山西果树（5）：39-41.

鲁剑巍，2006. 测土配方与作物配方施肥技术 [M]. 北京：金盾出版社，

山西省果树研究所，1978. 果树病虫害防治 [M]. 太原：山西人民出版社.

王江柱，吴研，2008. 常用通用农药使用指南 [M]. 北京：金盾出版社.

王中林，2017. 果园绿色防控综合技术 [J]. 果农之友（4）：25-26.

姚明，孙云飞，陈刚，等，2011. 棚架梨栽培 [J]. 果农之友（7）：32-33.

俞小秋，李鸿翔，贺尔华，1984，果园绿肥新品种：扁茎黄芪 [J]. 山西果树（1）：32-36.

俞小秋，李鸿翔，贺尔华，1990. 优良牧草百脉根 [J]. 山西果树（2）：21-22.

张丙孝，黄俊方，吕文明，2015. 黄冠梨土肥水管理技术 [J]. 山西果树（5）：44-45.

张立功，2017. 高温盯上了果树，我们应该怎么办？ [J]. 果农之友（8）：23-24.

张鹏，2002. 梨树整形修剪图解 [M]. 北京：金盾出版社.

图书在版编目（CIP）数据

梨新品种优质高效栽培 / 孙俊宝，张生智，张未仲主编. —北京：中国农业出版社，2018.9（2019.5 重印）
ISBN 978-7-109-24546-4

Ⅰ. ①梨… Ⅱ. ①孙… ②张… ③张… Ⅲ. ①梨—品种②梨—果树园艺 Ⅳ. ①S661.2

中国版本图书馆 CIP 数据核字（2018）第 201074 号

中国农业出版社出版
（北京市朝阳区麦子店街 18 号楼）
（邮政编码 100125）
责任编辑 浮双双 孟令洋

北京通州皇家印刷厂印刷 新华书店北京发行所发行
2018 年 9 月第 1 版 2019 年 5 月北京第 2 次印刷

开本：880mm×1230mm 1/32 印张：6.5 插页：6
字数：215 千字
定价：25.00 元